# 培养孩子情商的好故事

史习斌　陈 雄◎主编

中国民族文化出版社

北 京

　　情商主宰命运，性格决定未来。这是中外权威教育家和心理学家达成的共识。"情商"一词，1990 年由耶鲁大学的彼得·萨洛瓦里和新罕布什尔大学的约翰·梅耶两位心理学家首次提出。历经 30 多年，情商已从象牙塔的束之高阁被广泛运用到寻常百姓的生活中。

　　情商，颠覆了人们头脑中根深蒂固的天才之说，让人们坚信缔造丰功伟绩之人并非高不可攀。情商，印证了无数伟人的成功之道，原来卓尔不凡的智力绝非成功之必须，而强大的精神能量必是成功的坚强磐石。正如爱因斯坦所说："智力上的成就在很大程度上依赖于性格的伟大。这一点往往超出人们通常的认为。"现代研究也表明，孩子的学业成就在 80% 的程度上取决于他们的情商，智力因素只占了 20%。

　　生活中，很多家长为提高孩子的智商煞费苦心。他们给孩子报名目繁多的补习班，吃价格不菲的营养品，做无休无止拓展思维的训练。而事实上，这些倾囊而出、孤注一掷的行为，并没有产生斐然的效果。反而导致越来越多的孩子厌学，越来越多的孩子因耽于学习生活不能自理，而且越来越多的孩子因为家长的娇宠变得以自我为中心，难以与他人和社会相处。凡此种种，都是孩子情商太低的表现。自立尚且不能，成功人生又从何谈起？

　　令人庆幸的是，孩子的情商是可以培养的。精神医学家大卫·汉保认为，孩子生长到青春期，生理、脑部发展及思考方式都有很大转变，是发展情绪与社会能力的关键阶段，也是情绪发展上极艰难的时期。大卫·汉保指出："这个阶段，成人应特别注意协助他们渡过交友的难关，培养自信。"

　　如何才能帮助孩子培养良好的情商呢？阅读相关的优秀书籍，让孩子汲取其中的思想精华，并内化为自身的行动之源，是帮助孩子培养情商的有效途径之一。

　　为此，我们精心筛选出一批文质兼美的图书，从中遴选100多篇优秀的情商故事，从树立自信、正确面对困难和挫折、自我情绪调适、待人处世四个方面入手，辑录成此书，以飨读者。

　　除了精彩的选文，每篇故事还设置了"与你共品"板块，为孩子提供了一个切入和反思故事的角度，以期达到抛砖引玉的效果。读故事，品人生，悟哲理，阅读中体会更多，收获更多。

　　希望这本《培养孩子情商的好故事》能够带给孩子心灵的触动，引发孩子的思考，为孩子成长带来切实的帮助。帮助孩子拥有幽默机敏的智慧，树立面对困难的信心，培养解决问题的能力，塑造健全的人格，迈向幸福成功的人生。

# 树立自信篇

## 第一章　永远不要低三下四——自尊自信

## 第二章　为自己负责——认识自我

## 第三章　用你的长处经营人生——发掘潜力

## 第四章　做一颗高速旋转的钻石——远离自卑

# 正确面对困难和挫折篇

## 第一章　大海中没有不带伤的船——正视挫折

## 第二章　失败也是一所成功的学校——感悟挫折

## 第三章　世上没有逾越不了的坎——挑战挫折

## 第四章 没有人能够拒绝一颗强韧的心——淡化挫折

## 自我情绪调适篇

## 第一章 做自己命运的主人——改变自己

## 第二章 在心里装个"暂停按钮"——驾驭情绪

## 第三章 健康心态，成功人生——调整心态

# 待人处世篇

## 第一章 在心里种下善念的种子——与人为善

# 树立自信篇

# 第一章
# 永远不要低三下四——自尊自信

## 一流鞋匠，二流总统

佚 名

被公认为美国历史上伟大的总统之一的林肯，在他当选总统的那一刻，整个参议院的议员都感到尴尬，因为林肯的父亲是个鞋匠。

当时美国的参议员大部分出身望族，自认为是上流、优越的人，从未料到要面对的总统是个卑微的鞋匠的儿子。于是，林肯首度在参议院演说之前，就有参议员计划要羞辱他。

当林肯站上演讲台的时候，一位态度傲慢的参议员站起来说："林肯先生，在你开始演讲之前，我希望你记住，你是一个鞋匠的儿子。"

所有的参议员都大笑起来，为自己虽然不能打败林肯却能羞辱他而开怀不已。

林肯等到大家的笑声停止，坦然地说："我非常感激你使我想起我的父亲，他已经过世了，我一定会永远记住你的忠告，我永远是鞋匠的儿子，我知道我做总统永远无法像我父亲做鞋匠做得那么好。"

参议院陷入一片静默中，林肯转头对那位傲慢的参议员说："就我所知，我父亲以前也为你的家人做过鞋子，如果你的鞋不合脚，我可以帮你改善它，虽然我不是伟大的鞋匠，但是我从小就跟随父亲学到了做鞋子的手艺。"

接着他对所有的参议员说："对参议院里的任何人都一样，如果你们穿的那双鞋是我父亲做的，而它们需要修理或改善，我一定尽可能帮忙，但是有一件事是可以确定的，我无法像他那么伟大，他的手艺是无人能比的。"说到这里，林肯流下了眼泪，所有的嘲笑声全部化为赞叹的掌声。

林肯没有成为伟大的鞋匠，但成了伟大的总统，他最伟大的特质，正是他永远不忘记自己是鞋匠的儿子，并引以为荣。

## 与你共品

自信是成功的第一秘诀。唯有自信，才能积蓄力量。对于曾经的卑微，没有必要讳莫如深，你可以用现在的强大告诉世界：我已经征服了别人，也已经战胜了自己。

自信的人自然魅力四射，他的气场会释放出巨大的能量，将人折服。显赫的家世和辉煌的成就绝不会是永恒的，相反，卑微的身世和苦难的生活是绝好的教育资源，正视它，善待它，利用它，你会成为真正的强者。不是吗？当选总统的林肯在面对别人对其卑微出身的嘲讽时，坦然强调自己的父亲是个"一流鞋匠"，谁说他的自信心不是一流的呢？

# 音乐家的尊严

佚 名

**人必须自尊自重才能赢得别人的尊重。**

70多年前，一位挪威青年男子漂洋过海来到法国，他要报考著名的巴黎音乐学院。考试的时候，尽管他竭力将自己的水平发挥到最佳状态，但主考官还是没有录取他。

身无分文的青年男子来到学院外不远处一条繁华的街上，勒紧裤带在一棵榕树下拉起了手中的琴。他拉了一曲又一曲，吸引了无数人驻足聆听。饥饿的青年男子最终捧起自己的琴盒，围观的人们纷纷掏钱放入琴盒。

一个无赖鄙夷地将钱扔在青年男子的脚下。青年男子看了看无赖，最终弯下腰拾起地上的钱递给无赖说："先生，您的钱丢在了地上。"

无赖接过钱，重新扔在青年男子的脚下，傲慢地说："这钱已经是你的了，你必须收下！"

青年男子看了看无赖，深深地对他鞠了个躬说："先生，谢谢您的资助！刚才您掉了钱，我弯腰为您捡起。现在我的钱掉在了地上，麻烦您也为我捡起！"

　　无赖被青年男子出乎意料的举动震撼了，最终捡起地上的钱放入青年男子的琴盒，然后灰溜溜地走了。

　　围观者中有双眼睛一直默默关注着青年男子，正是刚才的那位主考官。他将青年男子带回学院，最终录取了他。

　　这位青年男子叫比尔·撒丁，后来成为挪威小有名气的音乐家，他的代表作是《挺起你的胸膛》。

## 与你共品

　　这是一个关于艺术的尊严的故事。很多时候，我们似乎习惯于把卖唱的艺人和流浪汉甚至乞丐视为同类，以一种傲慢和施舍的心态对待他们。其实，艺术是有尊严的。真正的流浪艺人，心灵绝不会流浪。他们不需要同情，更不需要施舍。艺人和听众之间是平等的，你付出了微薄的金钱，却得到了很多：艺术的享受、生活的启迪，甚至身份的优越感。看到了这些，你就会尊重那些街头艺人；看到了这些，你也就看到了艺术的尊严和价值。

## 克服依赖心理

佚　名

　　依赖别人，意味着放弃对自我的主宰，这样往往不能形成自己独立的人格。

法兰西帝国的缔造者拿破仑很喜欢打猎，他常常独自一个人到山里寻找各种猎物。他的聪明才智加上高超的打猎技巧，基本上每次都是满载而归。

有一次，拿破仑像平常一样外出打猎，他奔跑了整整一个上午，口干舌燥，疲惫不堪，于是到附近一条小河边去喝水。他走到小河边的时候，刚好看到一个不小心落水的男孩正在拼命地挣扎。那个小男孩一边挣扎，一边朝拿破仑高呼救命。

拿破仑熟悉这条小河，河面并不宽，也不深，孩子并没有危险，完全可以凭自己的力量爬出来，是他自己吓坏了，以为河水会把他淹死。拿破仑心想：这是教育自己的子民成长的好时机。于是，他不但没有入水救人，反而端起猎枪，对准水里的男孩，大声喊道："听着，孩子，你如果不自己奋力爬上来，我就把你打死在水中。"

男孩听了又是惊又是怕。自己已经被淹个半死了，好不容易盼来了一个人，竟然要开枪打死他！可是看看那个人严肃认真的模样，男孩知道向他求救是无济于事了，反而增添了一重危险，不知道那个人什么时候会对自己开枪。

于是，惊慌害怕的男孩一边流泪一边拼命地划动手脚，心里还在大声地哭喊："上帝啊，你给我派了一个什么样的救命人啊？"

男孩拼命挣扎了一番后，终于游上了岸。他抽泣着问拿破仑："上帝不是派你来救我的吗？为什么你不肯向我伸出援助之手，还要向我开枪？"

拿破仑笑了："我的孩子，我没有救你，你不是也没被河水淹死吗？回头看看那条小河，它并没有你想象得那么可怕。记住，孩子，任何时候都要靠自己，不要指望别人。因为自己的能耐可以救你一生，别人的能耐却只能救你一时。"

男孩听了，懂事地点了点头。

## 与你共品

当我们遇到困难时，很容易产生依赖心理，总是希望有人替我们分担，给我们无私的帮助。其实，很多时候，依靠自己的力量解决问题，往往是最有效、最可靠的。人只有在自己能够应付多变的环境和复杂的情况时，才算真正的成熟。能够独立行事的人，即使有一天你所依靠的财富耗尽了，权力作废了，亲人离去了，朋友分开了，你仍然可以依靠自己的能力从头再来。

当然，提倡自立并不是完全拒绝必要的帮助，也不是不求合作地一味单干，它是要告诉我们，不要把自己的一切寄托在别人身上，而要扼住命运的咽喉，做自己的主人。

## 请尊重你的价值

张 翔

一位老朋友在德国留学毕业后，开始四处求职。但汉堡的就业形势并不乐观，加之他刚刚毕业，缺乏工作经验，所以一直没有找到一份合适的工作。

三个月后，他开始心灰意冷，委曲求全，最终凭着自己的二级建筑装饰设计师的证书和资质，被一家私人的小建筑装饰设计企业接纳了。这家私人企业的规模很小，给出的月薪只有 2800 欧元，但他已经很知足了。

可刚工作了一周，工会的人就找到了他，咨询他的工资问题，并提醒他按工会和政府规定，像他这样的二级建筑装饰设计师应得到 3500 欧元的月薪。但他表示现在可以接受当下偏低的工资。

第二天，政府部门的工作人员直接找到了朋友所在的私人公司的老总，希望公司能给他将工资升到政府规定的 3500 欧元。因为政府认定，这样做违背了一个二级建筑装饰设计师的真实劳动价值。

最后，单位的老总无法满足这个要求，只好把他解雇了。而工会和政府的一位负责人员却很严肃地提醒他："请您尊重您的价值，因为它已经得到了社会的认可。当您贬低或破坏您的价值时，就等于贬低或破坏整个行业在这个社会的价值。"

就这样，他只好再领着政府的失业金过了好长一段时间，直到找到了一份新的符合自己身份和价值的工作。

而他也从此事中明白了一个道理：唯有懂得尊重自己的价值的人，才能真正得到社会的尊重！

## 与你共品

一个人的价值，在于他的贡献，尊重一个人的贡献，也就是肯定这个人的价值。价值，有赖于别人的认可和社会的承认，也来源于自己的自信。当你的价值被你自己贬低时，你也就真的没有价值了。

在衡量价值的天平上，最重的一边永远是你加给自己的砝码。轻视自己，你的重量就很轻，重视自己，你的重量就会增加。所以，请尊重自己的价值吧，那是对自我的合理评估，也是对同行的应有尊重。切勿自高自大，也无须妄自菲薄。

# 价值3万元的土巴碗

### 行吟水手

教授是艺术学院的教授。教授平时喜欢收藏瓷器、木雕、字画、金石、玉饰等，但大多值不了几个钱，主要是找点儿乐子而已。

那天，教授从外地参加一个学术研讨会回来，看见家门口的一棵梧桐树下蹲着一个30多岁的乞丐，面前放着一个装满零钱的碗，身边靠着一个八九岁的小男孩。和其他乞丐不同的是，这个乞丐的手里捧着一本书，正在教孩子认字。孩子的一只手信赖地搁在他的肩上，他回过头耳语般地对孩子说了一句什么，孩子咯咯咯笑了起来。

那一刻，教授的眼眶湿润了。他想起几十年前在一个山村的农家小院里，做小学教师的父亲手把手教自己写字的情景。

教授情不自禁地走到乞丐跟前，蹲下身子，摸着小男孩的头，对乞丐说："你们是从哪儿来的？"

乞丐说："山南。"

教授说："那是个穷地方啊。"

乞丐说："就因为穷，孩子他娘才跟着一个外乡人跑了。我年前害了场大病，没法再种地养家，就只好带着小孩出来乞讨……"

教授被深深地打动了。一个沦落的乞丐，在生活都难以保障时，竟然还教儿子读书识字。看得出，他们对美好的生活依然充满了希望。感动之余，教授掏出一张 100 元面额的人民币送给了乞丐。

临走前，教授盯上了乞丐面前放着的那个装满零钱的碗。那是一只土巴碗，土得掉渣，做工粗糙。教授眯着眼睛，专注地端详着那只土巴碗，久久不忍离去。

乞丐被教授的神情给搞蒙了，一只白送都没人要的土巴碗，怎么就让眼前的这位城里人发起了呆？

这时，教授拿起了那只碗，又仔细看了看，然后对乞丐说："这只碗，卖给我好吗？"

乞丐一听连连摇着头说："不，不不不……"

"哦？"教授吃惊地看了乞丐一眼："看来你知道这只碗的价值了？那你开个价吧，打算多少钱卖给我？"

乞丐一愣，脸红了，连忙说："不不不，一只土巴碗，白送都没人要，哪能卖你钱？你真想要，拿去得了。"

教授的眼睛一亮："这只碗明明是古董，这样吧，我给你3万元，你将这只碗卖给我，去找个事干干，也好让孩子有学上，怎么样？"

三年后一个秋日的黄昏，一个西装革履的中年男人走进了教授家的门厅。当时教授正在伏案填写一张准备寄往贫困山区用来资助山区教育事业的汇款单。

教授一眼就认出了中年男人，他就是三年前的那个带着小孩乞讨的乞丐。与三年前不同的是，乞丐的身上多了一件名牌西服，手里提着一盒高级礼品。

乞丐坐在教授家的客厅里，一副踌躇满志的样子。乞丐说："我这次来是向你表示感谢之意的，是你的3万元钱让我站了起来。"

教授说："那么，这几年你都干了些什么事呢？"

乞丐不好意思地挠了挠头发，小声说："三年前，我用卖碗所得的3万元和别人合伙在老家那边弄了个窑场，做起了烧瓷。一些烧好的瓷器拿出去卖时竟被人误认作了古董，我们也就将错就错地当古董卖，几年下来，好歹也弄了几个钱。"

教授的眉头紧紧地皱在了一起。

教授说："那个小男孩，他现在上几年级了？"

乞丐说："我叫他退学回家帮我打理生意了。"

教授愣住了，他做梦也没想到会是这样的一种结局。

良久，教授起身走进了卧室。从卧室里拿出来一只碗，正是乞丐在三年前卖给教授的那只土巴碗。教授说："这只碗，只不过是一只再普通不过的土巴碗而已。"

乞丐说："既然你一开始就知道这只碗不值钱，那干嘛还要花 3 万元冤枉钱买它？"

教授说："我当时买的不是一只一文不值的土巴碗，而是一种生活态度。"

乞丐有些弄不懂了。

教授轻轻地挥了挥手，慢慢地闭上了眼睛。教授对乞丐说："你走吧，你怎么还坐在那里？"

乞丐说："我没坐啊，我站着呢！"

教授说："我怎么老觉得你还是没有站起来！"

乞丐在走出教授家门厅时，听见了瓷器碎裂的声音。

## 与你共品

身处困境的人之所以能得到别人的钦佩（不是同情）与帮助，是因为他们身上有一种吃苦耐劳的精神和坚定不屈的信念。有了信念，再重的苦难也压不垮，而没了骨气，得到越多越为其所累，因而越不容易站起来。

弱者要变为强者，就得成功。在一个文明社会里，我们看重的，不仅仅是你有多成功，更重要的是你怎么成功，以及为什么成功。

# 十年，还一副尊严

栖云

尊严，在很多时候，更是一种单纯的人格的光芒。

多年前，我每月挣42元7角钱，除却养家糊口，还能够在储蓄折上存5元钱。这样，一年就能存60元，正好够买一件厚短呢大衣。那年那月，我在近郊的一所小学担任语文教师。

对短呢子大衣的渴望由来已久。秋风一凉，我就相中了橱窗中展示的一件方领方兜的短呢子大衣，咖啡色的，既含蓄又雅致，像严寒的冬日追逐阳光，我的目光追逐着咖啡色大衣。每次走到橱窗前，我都咬着嘴唇掰手指头。要知道我那时身上穿着的是父亲工厂里发的棉外套，黑色的粗布，硬邦邦的棉胎，裹在身上，像箍了副铠甲。

终于，临节的红灯笼高高挑起来的时候，我攒足了60元钱。平生第一次奢侈一回，花2角钱乘公共汽车逛商店。就在我穿越一楼大厅，准备到楼上服装部的时候，我看见一楼食品柜台前徘徊着一个熟悉的身影——王农丰，我的学生。

他一副窘态，上牙紧咬住了嘴唇，手臂深深插进裤袋里，不知所措。我赶紧跑过去，拍拍他瘦削的肩膀，小声问："你馋坏了吗，小家伙？"他猛然抬起头，眼里噙着泪花："妈妈病了，吃不了饭，想喝碗藕粉。"

"钱不够？"

"本来，爸爸给我凑足了钱，可能我跑得太快，掉了一些。"王农丰再也憋不住，委屈地啜泣起来。我半蹲下身子，替他揩眼泪，问："还差多少？"他抽抽搭搭地回答："3角。"我掏出钱包，替他补齐钱，心里，仍然惦记着咖啡色呢子大衣，脚下自然就生出羽毛，不由自主想往楼上飞。谁料刚迈出几步，身后就被脆生生喊住："老师——"我迷惑地回过头去："怎么，你还买其他东西吗？"

王农丰一本正经立在那里，大声说："老师，我明天一定还钱。"说完，转身就跑。

这一跑，反而牵回了我的心思，他妈妈病了，什么病到了不能进食的程度？会不会身染沉疴？念头一冒，嗓子眼就发酸，赶紧撵上王农丰，问个究竟。话一挑头，王农丰就号啕大哭，一头扑进我的怀里："老师，我妈快不行了！"

咖啡色呢子大衣已经不重要了，重要的是我学生母亲的病。我牵着王农丰的手，急速朝他家里奔。

王农丰是地地道道的农家孩子，他父亲是位菜农，平时种菜，割下菜就拉到城里卖。第一眼见到王农丰的母亲，不禁倒吸口冷气。人说两眼眯成一条缝，可哪里有缝的影子？整个脸变成了秋天的大冬瓜，没有一点儿起伏。

"病成这个样子，怎么还不送医院？"

王农丰那一脸风霜的父亲手里捏根旱烟袋，半晌，喷出一句："白菜萝卜都卖了，猪也卖了，也没治好。"

我望着院子里掀起盖子的菜窖和空空如也的猪圈，明白这一家人已经竭尽全力、倾囊而出了。可是，活人不能等死呀！万一有救岂不耽搁了一条人命？我攥了攥怀里的钱包，60

元，厚厚一摞。那年，一斤大白菜才3分钱，60元简直等于一个小金库。我郑重其事地掏出钱包，推在王农丰父亲面前："快去住院，或许人还有救。"他父亲一下子蹦起来，坚决推辞。我拦住他，认认真真地解释："这不是吃饭钱，是买呢子大衣的钱，救人比穿衣服重要。"

王农丰的父亲深深埋下头，好一阵，抬起铁青的脸，一字一句道："好吧，老师，这钱算我借你的，改日砸锅卖铁，钱，一定还！"

"何必那么认真？"

他的气势咄咄逼人："老师，我虽然是个菜农，可是条堂堂正正的汉子。"他坚强的目光中透着一股凛然不可侵犯的尊严，叫人不由得肃然起敬。"好吧，我记住了。"我被迫接受了他的条件。临走，王农丰在院子中扯住我，轻轻问："老师，你是要买那件咖啡色的呢子大衣吗？我看见你在橱窗前凝视它许久。"我不知道应该点头还是摇头。

第二日下课，王农丰还给我3角钱。3张角钞攥在他小小的手心里，攥得湿漉漉的。我问："妈妈住院了？"王农丰点点头。"那急着还钱干什么？留给妈妈治病。"王农丰低下头，沉默一会儿说："借债还钱，是规矩。爸爸说的。他还说，那60元钱一定还。"

我将王农丰揽在怀里，第一次亲了自己的学生。

医生并没能挽回王农丰母亲的生命，春寒料峭的时候，她故去了。这一年，王农丰也小学毕业。这一年我过得也格外沉重：祖母去世，母亲病重。我没有积蓄下一分钱，商店橱窗中那件咖啡色的呢子大衣，早已被更时髦的样式所替换，梦寐以求成了过眼烟云。年根儿，王农丰和他的父亲找到我家，并且扛了一麻袋土豆。

农丰的父亲依旧捏着根旱烟袋，依旧深埋着头，半晌，抬起眼："老师，我不会说话，今年年景好，可是菜贱伤农，卖不了几个钱，又……"他说不下去。我说："您别太认真了，我把农丰当成自己的孩子，那60块钱不用还了。"王农丰的父亲一甩烟袋杆儿："那不行，坚决不行，钱一定还。"他告诉我，土豆是送我的年礼，与还钱没关系，让我无论如何收下他的心意。

王农丰毕业后考进重点初中，渐渐失去了联系。听说，他父亲过完清明没多久，在一次送菜的途中死于一场车祸，王农丰被一位远房姑姑领走，从此，杳无音信。我曾试探着找到王农丰的家，但人去屋空，一片荒凉。

一年又一年，我的经济状况逐渐好转，添衣加裙，身上的穿戴不断增色，买了黑色呢子短大衣、酱红色外套和一件茄子紫色的大摆呢子长大衣。不知为什么，我不敢买咖啡色呢子大衣，就像面对一块伤疤，始终不敢揭，总怕看到王农丰瘦削的身影，总为他不幸的命运担忧。

一晃9年。

又一个春节，我家的门铃被敲响，门口站着一个淳朴的小伙子，那依稀的脸庞，我辨出来了，是王农丰。

他已从医学院毕业，分配到省医院泌尿科当医生，为千千万万患他母亲那种病症的患者治病。王农丰从一个大纸袋中拎出一件咖啡色的大衣，红着脸道："老师请原谅我，没还清债之前，我无脸见您。还记得当年欠您60元钱吗？还记得咖啡色大衣吗？"

我的泪水一下子涌出了眼眶，一个寄居在远亲家里的孩子，一个没有任何经济来源的孩子，从农丰母亲过世算起，迄今整整10年——10年，王农丰心里一直挑着一副沉重的担子，还债。

多么漂亮的咖啡色大衣啊！油光光的色泽，软绵绵的质感，那么轻，那么薄，那么温暖，是纯正的山羊绒大衣啊。傻孩子，当年那60元钱，连本带利，也不值这一件山羊绒大衣。

"可是，您当年对我家的帮助，不能用价钱来衡量。"

"那样，又如何还清？"

王农丰像小时候一样，咬紧下嘴唇，然后庄重道："一定要还，这是做人的尊严，我是条汉子。"仿佛，王农丰的父亲又站在我眼前。

王农丰以一条汉子的形象，对尊严二字进行了完整的诠释：尊严的觉醒和捍卫，不一定非得面对屈辱的谩骂，不一定非得面对蔑视的目光和漠然的冷落，很多时候，它更是一种单纯的人格的光芒。

## 与你共品

欠债还钱本是天经地义，但对一个极度贫困的人，用10

年时间偿还一笔本可不还的巨款，不得不让我们为他捍卫人格尊严的诚信之举肃然起敬。

信守诺言的人走得再远，也不会忘记当初为什么出发。因为他们知道，没有诚信就没有尊严。记住别人的恩惠，兑现曾经的允诺，懂得感恩，学会表达，是每一个接受过别人帮助的人对帮助过他的人最好的回报，因为在施恩者看来，比起一颗诚实和感恩的心，金钱又算得了什么呢？

## 第二章
# 为自己负责——认识自我

## 高估自己亦贪婪

张 翔

大专毕业，他刚在国企里头干了两年会计，就遭遇了下岗分流，他成了他们厂里最年轻的下岗职工。在很长的一段时间里，他一直非常烦闷，因为他始终没有凭着自己的大专文凭找到一份合适的工作。每一次，他走进人头攒动的人才市场，看到那一张张要求一个比一个高的招聘简章时，他就心乱如麻。他的心总是被那一行行"要求大学本科以上学历"的字句所刺痛，他知道自己必须接受这些无意的伤害，但是接受了伤害并不代表着就能有所收获，他还是一次次怀着一颗失望的心离开人才市场。

但是，他还是没有放弃寻找工作，因为他知道自己不能回避生活。

那天中午，他又一次怀里揣着简历从人才市场走出，漫无目的地走在街上。经过一栋高耸的大楼的时候，他抬头看到了那个世界闻名的公司的标志——这是一家世界500强的外国企业。他口中吐出一声叹息："如果能在这种企业里上班该多好啊！"

就在他要低头从大楼的门前走过的时候，他忽然看到一群人围着门口的一张公告看了起来，他好奇地走上前一看。很巧，这个企业原来也在招人，他又探头一看，居然是招财务会计，那不正是他所学的专业吗？他心里顿时升起一股冲动。

然而，很快，他的冲动又消退下来，因为后面紧跟着一条：以上职位需大学本科以上学历。他的心又一次被刺痛了。

他沉默了一会儿，毅然决定再试一次。他想，这种著名企业大概会给他足够的尊重的。

他走进了大楼，按图索骥地来到了21楼的招聘办公大厅。当他刚踏进门的时候，他又是一阵惶然，这里挤满了人，俨然一个小小的人才市场，显然这所有人都是奔着那稀缺的几个职位而来的。

面试正在缓慢地进行着，应聘的人一个个走进去，然后都很平静地走了出来。这些小小的细节给他那彷徨的心注入了些许的安定，因为他从面试的缓慢进程和应聘者的平静表情中感觉到了招聘者的认真态度。

等了一个多小时之后，工作人员终于叫到了他的名字。他走进了招聘室，3名招聘官坐在那里微笑地看着他。他强装自信地将简历递了过去，招聘官刚看了一眼就抬头看他，他顿时红着脸解释说："我的学历离你们的要求稍微有点儿距离，不过我在工作上会更加努力学习的，希望你们不要介意。并且，我有两年的工作经验……"

招聘官微笑点头说："没有关系，我们了解一下你的其他情况吧……"

他们的面试交谈开始了。

整场面试交谈，都显得亲切而顺利，他虽然学历不高，但是过往工作的经验让他能对答如流。

在招聘即将结束的时候，招聘官忽然问他一个问题："你对薪水有什么要求吗？"

他犹豫了一下，刚要回答的时候，招聘官又问道："30万年薪怎么样？"

他顿时满脸惊讶，他的嘴张得大大的，他从来没有想到他所竞争的职位居然可以获得这么高的薪水。当年他在国企的工资只有1200块钱一个月，而他在别的外企工作的同学，薪水也没有这一半的高。就在那一刻，他甚至开始心虚起来，他觉得自己的能力甚至有点儿配不上这么高的薪水。

"你对薪水有什么看法？"招聘官又一次问他。

他摇头坦诚地说："坦白地说，这个薪水真的有点儿高了，这让我感觉自己的责任很重。我都有点儿担心自己能不能胜任这样的重任。不过，如果你们给我这个机会，我会努力做到最好的！"

三名招聘官都笑了起来，对他点起了头。

面试过后的第4天，他接到了通知，他居然被录用了，他高兴得热泪盈眶……

当然，去了那个企业才知道，他的年薪其实是 15 万，30 万是他们财务经理的年薪，不过这也足够令他满意了。而当他问起经理为什么要招聘他时，经理说："首先你的业务过硬。我们招的是财务人员，所以我们的要求格外严格，我们需要一个有自知之明并且诚实的员工。而我们故意报了高年薪只是为了考验一下应聘者的心态而已。而事实上，几乎所有的人都被这个高薪所震撼，但是几乎所有的人都假装镇定，理所当然地接受了这个年薪，唯独你说了一句'有点儿高了'，所以我们经过考虑录用了你。因为我们一直认为，一个人必须诚实地面对自己的价值，而过分高估自己的价值其实也是一种贪婪。作为一个财务人员，是永远不能陷入贪婪的，明白吗？"

他恍然大悟，原来自己是以一种诚实的自我认识敲开了成功的大门。

三年之后，他成了公司的财务经理，他的年薪升到了 30 万，但是他依然清醒而谦虚，他依然很努力地工作，以证明这个薪水所对应的价值。因为他心里始终记得他的经理曾对他说的一句话——高估自己的价值也是一种贪婪。

## 与你共品

世上有许多人需要我们去认识，但最应该认识和最值得认识的人却是你自己。俗话说"当局者迷，旁观者清"，这话一点儿不假，要公正地认识自己，把自己放在一个适当的位置，确实是件不容易的事。

如果高估自己，一些欲望暂时无法得到满足，就会有一些不切实际的想法，甚至翻越道德的底线，去触摸那份可望而不可即的奢望，这时高估自己就变成了贪婪。脚踏实地，诚实地认清自己，从自己认定的精神家园中打捞成功的鱼群，最终你会是一个懂得放弃却收获巨大的渔家。

# 记住自己的优势

陆勇强

某单位的外贸部有两个年轻人，一个是日语翻译，一个是英语翻译。两人都是名牌大学毕业，风华正茂，在单位领导的眼里，两人都是未来的外贸部经理候选人。

对此，两人心照不宣，在工作上暗暗较劲，你追我赶，每年的业绩完成得均十分理想。

单位原先有日商的投资，因此单位经营层经常需要和日本人打交道，理所当然的，那位学日语的年轻人经常在公开场合露面。一时间，他在单位里的口碑好于那位英语翻译。

英语翻译坐不住了，照此下去，他肯定会处于劣势，失去很好的晋升机会。

于是，他决定凭着大学时选修过日语的基础，暗暗学习日语，准备超越对手。

为了不让别人知道，他学日语是在私下进行的，他几乎把业余时间都花在了日语的学习上。

几年过去了，他拥有了一张日语等级证书。他开始尝试着与日商进行会话，帮助营销员处理一些日文的翻译任务。

同事们对他掌握两门语言十分佩服，他自己也有一种成就感。但就在他自我感觉良好的时候，他翻译澳大利亚商人的贸易合同时关键词汇出了差错，给公司造成了10万美元的损失。虽然事后公司通过谈判，挽回了部分损失，但公司董事长为此十分震怒。

他也十分内疚，但实在想不明白，为什么会误译一个并不生僻的单词。

反省再三，他醒悟过来，这些年忙着学日语，早已疏于对英语词汇的充实和温习，错误的发生其实是不可避免的。

他在自己的专业上败下阵来，而且他的日语即使苦学几载，也无法达到对手的水平，他悔不当初。

一个人想击败对手，往往会忘了自己的优势，却沿着对手的思路进行思考，照搬照抄别人的做法。但是，一个走抄袭道路的人是根本无法进入别人最为熟悉也最有优势的领域的。

人生也是如此，不论你境况如何，你都不会一无是处。譬如诚实、自信、坚强，或者一项技能，你只要拥有其中的一项，并且让它很优秀，它就会成为你一生的资本。

## 与你共品

看见别人的光环，于是我们一路追赶，风尘仆仆中，疲惫不堪时，我们似乎已有了别人昨日的成就，却把自己身上的优势丢在了身后，这种看似奋起直追、永不服输的行为其实是多么愚蠢啊！

你见过比鱼更会游泳的猴子吗？你见过比猴子更会爬树的鱼吗？尺有所短，寸有所长。聪明的人不会立志让自己的劣势超过别人的优势。记住自己的优势，并不断地让它变大变强，坚定地走自己的路，那么这一优势会变成你一生的资本。

# 拍卖你的生涯

毕淑敏

朋友参加过一堂很别致的讲座，对我详细地描绘了一番。

她说，讲座叫作"拍卖你的生涯"。外籍老师发给每人一张纸，其上打印着十几行字。

1. 豪宅

2. 巨富

3. 一张取之不尽、用之不竭的信用卡

4. 美貌贤惠的妻子或英俊博学的丈夫

5. 一门精湛的技艺

6. 一个小岛

7. 一座宏大的图书馆

8. 和你的情人浪迹天涯

9. 一个勤劳忠诚的仆人

10. 三五个知心朋友

11. 一份价值 50 万美元并每年可获得 25% 纯利收入的股票

12. 名垂青史

13. 一张免费旅游世界的机票

14. 和家人共度周末

15. 直言不讳的勇敢和百折不挠的真诚

大家先是愣愣地看着这些项目，之后交头接耳地笑，感觉甚好，本来嘛，全世界的美事和优良品质差不多都集中在此了。

老师拿起一把小槌子，轻敲讲台，蜂房般的教室寂静下来。老师说我手里是一把旧槌子，但今天它有某种权威——暂时充当拍卖槌。我要拍卖的东西，就是在座诸位的生涯。

老师说，一个人的生涯，就是你人生的追求和事业的发展。它掌握在你自己手中。性格即命运。生涯从属于你的价值观。通常人们谈到生涯时，总觉得有太多的不可把握性，埋藏在未知中。其实它并非想象中那般神秘莫测。今天，我想通过这个游戏，让大家比较清晰地看到自己的爱好，预测自己的生涯。

大家听明白了，好奇地跃跃欲试。

老师说，我现在象征性地发给每人 1000 元钱，代表你一生的时间和精力。我会把这张纸上所列的诸项境况，裁成片，一一举起，这就等于开始了拍卖。你们可以用自己手中的积蓄，购买我的这些可能性。100 元钱起价，欢迎竞价。当我连喊三次，无人再出高价的时候，槌子就会落下，这项生涯就属于你了。注意，我说的是可能性，并非是真正的事实。它的意思就是——你用 999 元竞得了豪宅，但并不等于你真的拥有了一片仙境般的别墅，只是说你将穷尽一生的精力，来为自己争取。相信只要你竭尽全力，把目标当成整个生涯的支撑点，实现的可能性甚大。

教室里的气氛，骚动之后有些沉凝。这游戏的分量举轻若重，它把我们人生的繁杂目的，细分并形象化了——拼此一生，你到底要什么？

老师举起了第一项拍卖品——拥有一个岛。起价 100 元。

全场寂静。

疑声鹊起，大家迫切希望提供更详尽的资料，关于那个小岛，关于风土人情。老师一脸肃然，坚定地举着那个纸片，拒绝做更进一步的解说。

终于，一个平日最爱探险、充满生命活力的女生，大声地喊出了第一个竞价——我出 200！

一个男生几乎是下意识地报出：500！他的心思在那一瞬很简单，买下荒凉岛屿这样的事件，就该是男子汉干的事情。

但那名个子不高但意志顽强的女生志在必得了。她涨红着脸，一下子喊出了……1000！

这是天价了。每个人只有 1000 元钱的储备，也就是说，她已定下以毕生的精力，赢得这个小岛的决心。别的人，只有望洋兴叹了。

第二项是美貌贤惠的妻子或英俊博学的丈夫。

我原以为此项会导致激烈的竞拍，没想到应拍的人寥寥无几。也许因为它太传统和古板，被其他更刺激的生涯吸引，大伙不愿在刚开场不久，就把自己的一生拴入伴侣的怀抱。好在和美的家庭，终对人有不衰的吸引力，在竞争不激烈的情形下，被一位性情温和的男子以 700 元买去。

拍到"取之不尽、用之不竭的信用卡"时，引起空前激烈的争抢。聪明人已发现，所列的诸项，某些外延交叉涵盖，可互相替代。有同学小声嘀咕，有了信用卡，巨富不巨富的，也不吃紧了，想干什么，还不如探囊取物？于是信用卡成了最具弹性和热度的馊馊。一时群情激昂，最后被一奋勇女将自重围中掳走。

其后的诸项拍卖，险象环生。有些简直可以说是个人价值取向甚至隐秘的大曝光。一位众人眼中极腼腆内向的男同学，取走了免费旅游世界的机票，让人刮目相看。一位正在离婚风波中的女子，选择了和情人浪迹天涯，于是有人暗中揣测，她是否已有了意中人？一位手脚麻利乐于助人为乐的同学，居然选了勤劳忠诚的仆人，让全体大跌眼镜，细一琢磨推算，可能他总当一个勤快人，已经厌烦，但又无力摆脱这约定俗成的形象，出于补偿的心理，干脆倾其所有，买下对另一个人的指挥权吧。一旦咀嚼出这选择背后的蕴涵，旁观者就有些许酸涩。

一位爱喝酒的同仁，一锤定音买下了"三五个知心朋友"。

好了，不管他人瓦上霜了，还是扫自己门前的雪吧。正这样想着，老师举起了"图书馆"，我破釜沉舟地大喊了一声：1000！

于是，宏大的图书馆就落到了我的手中。

拍卖一项项进行下去，场上气氛热烈。我没有参加过实战，不知真正的拍卖行是怎样的程序，但这一游戏对大家心灵的深层触动，是不言而喻的。

当老师说，游戏到此结束，教室一下静得不可思议，好像刚才闹哄哄的一干人，都吞炭为哑或羽化成仙去了。

老师接着说，有一个现象，不知大家发现没有，有三项生涯，当我开价100元之后，没有人应拍，也就是说，不曾成交。

这三项是：

1. 名垂青史

2. 和家人共度周末

3. 直言不讳的勇敢和百折不挠的真诚

同学大眼瞪小眼，刚才都只专注于购买自己的生涯，不曾注意被遗落冷淡的项目。听老师这样一说，就都默然了。

我一一揣摩，在心中回答老师——

和家人共度周末。

不曾购买它作自己的生涯，原因可能是多方面的。有人以为这是很平淡的事，不必把它定做目标。凡夫俗子们，估摸着自己就是不打算和家人共度周末，也没什么地方可去。一件几乎命中注定的事，何必要选择？还有的人，是一些不愿归巢的鸟，从心眼里不打算和家人共度周末。以为现今只有没本事的人，才和家人共度周末。有本事的人，是专要和外人度周末的。

青史留名？

可叹现代人（当然也包括我），对史的概念已如此脆弱。仿佛站在一个修鞋摊子旁边，只在乎立等可取，只在乎急功近利。当我们连清洁的水源和绵延的绿色，都不愿给子孙留下的时候，拥挤的大脑中，如何还存得下一块森严的石壁，以反射青史遥远的回声。

勇敢和真诚？

它固然是人类曾自豪和骄傲的源泉，但如今怯懦和虚伪，更成了安身立命的通行证。预定了终生的勇敢和真诚，就把一把利刃悬在颅顶，需要怎样的坚忍和稳定？我们表面的不屑，是因为骨子里的不敢。我们没有承诺勇敢的勇气，我们没有面对真诚的真诚。

游戏结束了，不曾结束的是思考。

在弥漫着世俗气息的"我"之外，以一个"孩子"的视角，重新剖析自己的价值观和生存质量，内心就有了激烈的碰撞和痛苦的反思。

在节奏纷繁的现代社会，我们一天忙得晕头转向，很难得有这种省察自我的机会。那一瞬让我们返璞归真。

人生的重大决定，是由心规划的，像一道预先计算好的框架，等待着你的星座运行。如想改变我们的命运，请首先改变心的轨迹。

## 与你共品

　　将你的未来生涯进行拍卖，用有限的资金拍得你势在必得的选项——这虽是个游戏，但却可以借机看清自己，知道自己这一生最想要的是什么，最不在乎的是什么，念念不忘的是什么，漠视遗忘掉的又是什么。

　　对自我的审视是必要的人生总结，总结是新的开始。通过拍卖生涯得到的认识，一是让正面的信念得到强化，从而进一步明确此生的追求，二是使偏离轨道的念想得到矫正，及时捡拾起那些不该遗落的东西。认清了自我，才不至于迷失方向，忘记归途。

## 皮莱的镜子

[英] J·霍尔／著 王悦／译

　　没有它们妨碍视线，我终于可以清楚地看到自己，看到自己"里面"是什么样的了。

　　为了和尼加拉瓜原始部落交流陶艺，我沿着陡峭崎岖的小路，步行近 4 个小时，来到洛斯查库特斯——一个土地龟裂、终日受太阳烘烤的原始部落保留地。这是一片与世隔绝的荒凉的黄土地，点缀着几个草棚，我在那里遇到了皮莱太太和她的家人。

　　他们请我坐在一小片树荫下，找出家里的陶器送给我研究。当我拿出相机拍照时，皮莱渴求地问我是否可以给她全家拍一张，我愉快地答应了。

几周后，我返回皮莱的部落，举行一个关于现代制陶工艺的讲座，打算顺便把那天的合影交给她。当我迈过低矮的篱笆，进入她家小院时，皮莱兴奋地从屋里跑出来，热情地拥抱我之后，急切地问："你带照片来了吗？"我从口袋里掏出照片。照片中，皮莱一家 9 口带着相似的笑容，神采奕奕地站在一起。

皮莱盯着照片仔细地研究了好长时间，然后指着照片里一位身材矮小、头发灰白、穿褪色蓝布裙的慈祥老妇人，试探地问："这是我吗？"

我猛然意识到皮莱不知道自己长什么样！环视四周，我这才发现这里没有镜子。

我问她是否用过镜子。她回答说很久以前家里有过一面镜子，但早就破碎得不能用了。皮莱的声音听上去很愉快，没有丝毫遗憾："有时候，如果光线刚好，我在装满水的水罐里也能看见自己的倒影。"我知道对这里的居民来说，拥有一满罐清水的机会微乎其微，他们得到有限的一点儿水必须排队，一杯一杯地从地下积水池舀出来。

我想起自己镶满镜子的公寓，想起浴室里的放大反光镜（用来精确观察脸上的雀斑和皱纹）、三折镜（用来检查我的后背和侧面）、无处不在的小手镜。今天女人们长时间坐在各种镜子前，批判自己的皮肤和体重，叹息青春不再，感慨造物不公，我不敢相信有人竟半个世纪没用过镜子。

"你不想知道自己长什么样吗？看不到自己是什么感觉？"

我问。"我知道我里边是什么样,"她用手拍了拍胸脯,"不管什么时候,我都知道自己里边是什么样的人。"

皮莱的话让我陷入了沉思。在这个远离繁华的角落,一个女人从容地做着自己,优雅平静地从青春走向衰老。这期间没有落地镜来检查身体是否发胖,没有放大镜来细数眼角的皱纹,她的生活一定比我们快乐,她的人格也一定充实得多吧?从尼加拉瓜回家后,我做的第一件事是请人拆掉了公寓墙上的那些镜子。没有它们妨碍视线,我终于可以清楚地看到自己,看到自己"里面"是什么样的了。

## 与你共品

女人需要镜子,是需要看清她们自己,女人喜欢镜子,也是喜欢她们自己。世上最好的镜子在哪里?在自己的心里。心境明,世间净。

镜子在心里,所作所为自己都会看见,一言一行也经过了良心的过滤,就变得纯净。我们从内心审视自己,真诚而平凡地活着,活得有尊严,活得有人格,活得有朝气。照镜子,我们只能看到头顶的光环,一时的狂热,而不能真正知道自己需要什么。从内心出发,为自己安一面镜子,照出世间百态,找到真正的自我:心地高洁,释放高雅情怀;心地聪慧,领略天地芳华。

# 为自己负责

乔叶

我曾在一本心理学专著里读到过这样一则有意思的案例分析：一位美国心理学家到一位中国人家中做客，主人两岁的小宝宝在客厅里跑动，不小心被椅子绊倒，大哭起来。当妈妈的赶紧跑过来抱起小孩，然后一边用手打椅子一边说："宝宝不哭，妈妈打这个坏椅子，妈妈打这个坏椅子。"心理学家见此情景不禁有些狐疑，过了一会儿，她对这位母亲说："这跟椅子没关系，是他自己不小心绊倒了椅子，是他自己造成了这样的结果，并非是椅子的错。你应当让他知道，他长大后就会慢慢懂得，在他与这个世界发生关系时，他所应负的责任是什么？"

看到这里，我不由得笑了。我想起了我自己。

师范毕业后，我和大多数同学一样，回乡下当了一名小学教师。虽然嘴上不说什么，但心里却着实觉得自己有点儿大材小用。于是备课时不过是走走形式，讲课时觉得是小菜一碟，从不旁听其他老师的课，更不和同事交流什么心得体会，被誉为"全乡最自由的教师"。而学生的考试成绩总是一塌糊涂。不过我又觉得这不是我的水平和态度问题，而是乡下学生的素质太低。"苗儿不好怎么会有好收成？"我振振有词地对校长讲。当时，我也开始隔三岔五地写些不疼不痒的稿子偷偷寄出去，但总是石沉大海，于是我暗暗埋怨那些编辑都是"有眼无珠"之人。同时哀叹自己父母双亡，出身太苦，虽有一个在县城当局长的哥哥，却又顾不上我的死活……我就这样陷入了一种昏天黑地的恶性循环中，直到认识了我现在的爱人，当时的男友——小林。

一个月夜，我对小林哭诉了我的"坎坷"与"不幸"，听后，他没说一句同情与宽慰的话。沉默了许久，他才说："你为什么不说说你自己呢？"

"我一直都在说我自己啊。"我困惑地说。

"可我听到的全都是别人的错误和责任。"他说，"你有没有想过，为什么面对的是同样的乡下学生，有的老师能教出那么好的成绩而你却只能充当垫背？不，先不要急着历数你付出的努力，我只建议你去想想其中你应负的那部分责任。"小林顿了顿，继续说了下去："我们再来谈谈你的工作。我想问你，你有什么资格这么强烈地要求哥哥帮你调工作？哥哥在为他的前途孤身奋战时你又为他做过什么？进一步说，不要看他是个局长，即使他是个市长、省长，和你的工作又有什么联系？退一步说，即使是父母在世，帮你调工作也不是他们非尽不可的责任和义务，你又有什么权力去要求哥哥？父母把你养大，国家教育你，社会给你位置，换来的就是你的满腹牢骚和抱怨吗？你为自己做出过什么？你应该做些什么？你做得够不够？"

那真是我有生以来遭受最多的一次诘问。每一个"你"字，他都强调得很重，像锤子一样击在我的心上。月光下，我的大脑一片茫然，真的，我从没有想过这些问题，从没有把锋利的矛头对准自己。我总是想当然地把一切借口推到身外，而把所有理由留给自己，从没有想过自己有责任去承担自己的生命。

从那以后，我变了。教学成绩、发稿状况和工作环境也随之发生了一系列根本的变化。因为我彻底明白了：虽然有许多外力我们无法把握，但我们最起码能把握住自己。我们完全可以让自己的"不幸值"降到最小而让自己的"幸运值"取到最大——只要我们学会承担起自己的责任，让自己为自己负责。

一位朋友曾对我讲过她在外地某学院进修时碰到的一件事情。与她同屋住的两个女孩，其中一个女孩在家是个独生女，在学院里也处处撒娇卖嗲，要人宠她。因为同住一个宿舍，相处的时间多，朋友不好拂她的面子，只好敷衍她。但是另一个女孩个性却很强，就是不买那个娇女孩的账。娇女孩被她顶撞了好几次，便不再到她面前"邀宠"了。朋友羡慕地问那个女孩为何会有如此的勇气，那个女孩笑道："本来嘛，宠宠她也无所谓，但是可怕的不是去宠她，而是她已经习惯了让别人宠，也已经习惯了去宠自己。我只想让她知道：在这个世界上，除了父母宠你是不可控制的天性之外，没有谁有必要非去宠你。你想要人宠，首先要有被人宠的资格——而且，即使你拥有了被人宠的资格，别人宠不宠你也还是别人的事。"

这件事情曾让我沉思良久。其实，说真的，不仅是那个娇女孩，生活中像她那样习惯于让别人宠自己和自己宠自己的人简直是不计其数，处处可见。在孤独漫长的生命旅程中，谁都曾渴望能获得帮助，谁都会盼望被人温暖，谁都会希望有人能让自己逃避凄厉的风雨——而且，也确实会有一两次这样短暂的时刻，但是，有谁会长久地站在你的身边呢？除了自己，你别无他物。有人帮你，是你的幸运；无人帮你，是公正的命运。没有人该为你去做什么，因为生命是你自己的，你得为自己负责。

## 与你共品

孩子被椅子绊倒了，妈妈会责骂椅子，而不是鼓励孩子自己站起来，这是我们的文化无意识里十分糟糕的"育儿经"，它会在孩子的心里种下一颗"自己的过错要别人负责"的荒谬种子。

生活中，不如意事十之八九，我们把过多的时间放在寻找借口推脱责任上，看到别人的太多不是，而很少沉下心来叩问自己。学会为自己负责，为自己的过失埋单，为自己的前进驱动，把自己推到最前沿，用双肩挑起该负的责任。人生漫漫旅途中，你才能在责任中把握自己，沿着正确的航向，驶向成功的彼岸。

# 第三章
# 用你的长处经营人生——发掘潜力

## 她第一次动用了自己

张鸣跃

女儿上高一的那个暑假，我和妻子特意送她去她乡下外婆家过。

这也算是没办法中的办法了——女儿越长越疲沓，说不清是什么毛病，学习不好不坏，课外兴趣全无，在家除了睡懒觉之外就是犯"病"，坐不稳也站不正，整个一只散了骨架的懒猫。训也无从训，她一不顽皮，二不犯错，该做的事都做，只是形色无奈，疲沓不恭。

暑假结束了，女儿回来，我和妻子一见便苦笑摇头。她依旧是白白胖胖，脸没晒黑，手无茧泡，秀发丽裳一尘未染。外婆一家没忍心让她受"三夏"之苦，她只是"避暑"数日，闲吃猛睡。身心如旧不急不争，她考大学是没希望了。不料女儿却笑说了一句："放心吧！我知道了！"接下来，我和妻子吃惊不小。

女儿全变了。首先是神态。从前她老是一副睡不醒的样儿，好像天塌地陷也与她无关，如今两只大眼灵动有光，看书看景时有一股前所未有的龙虎之气，且咬唇凝眉，如同面临大战的必胜将军。

于是，她那小屋也不适应新生的她了。放学回来，她开始清理整顿，该扔的扔，该换的换，该归顺的归顺，桌上床上地上墙上……有喜有惑的我和妻子进去，以笑为夸，笑着要帮女儿的忙，女儿一脸严肃地推我们出屋，而后眨巴鬼眼大声说："别帮倒忙！今后我自己的事情自己来！""自己来"，这三个字透露了女儿的所悟，只是这悟从何而来还是个谜。

看来，从前真是小看女儿的"自己"了，或者说是做父母的一直没有能力启发、挖掘、引导女儿的"自己"。女儿这一变，我和妻子就只有跟在后面或站在一边观望惊愕的份儿了。

女儿考上了北大。

女儿在来信中才揭开了谜底——原来，真是那个暑假，有一天，她不小心掉进外婆家后院的一个塌陷多年的废窖里，很深。她不好意思呼救，又爬不上来，就哭。天黑了，恐惧和怒气使她拼命了，手刨脚蹬，一次次失败，一次次挣扎……最后，她愣是用自己的双手在窖壁上抠出了几十个脚台，两手血一身泥地爬了上来。外婆一家在疯找她，已有所悟的她笑说："我救我自己呢……"

女儿的感悟是："我第一次动用了我自己，我发现自己完全可以做到从前以为绝对做不到的事——若保持这种绝境求生的姿态，我的学业乃至人生将会攀达无限风光的顶峰！"

## 与你共品

每个人身上都藏着一个"自己"，它是人的自我意识的载体。当这种自我意识第一次凸显出来的时候，人们便会克服以往的依赖心理，发掘自身的能量与价值，并对自己进行重新定位。

潜在的力量就是这样，它原本存在于我们体内，却一直未被开发利用。当我们身处绝境而只能放手一搏、孤注一掷的时刻，便会迸发出令我们自己都惊讶万分的不可思议的力量，从而实现自救与自立。

## 上帝没这个意思

刘燕敏

一位父亲带儿子去参观凡高故居，在看过那张小木床及裂了口的皮鞋之后，儿子问父亲："凡高不是位百万富翁吗？"父亲答："凡高是位连妻子都没娶上的穷人。"

第二年，这位父亲带儿子去丹麦，在安徒生的故居前，儿子又困惑地问："爸爸，安徒生不是生活在皇宫里吗？"父亲答："安徒生是位鞋匠的儿子，他就生活在这栋阁楼里。"

这位父亲是一个水手，他每年往来于大西洋各个港口。这位儿子叫伊尔·布拉格，是美国历史上第一位获普利策奖的黑人记者。

20 年后，在回忆童年时，他说："那时我们家很穷，父亲靠出卖苦力为生。有很长一段时间，我一直认为像我们这样地位卑微的黑人是不可能有什么出息的。好在父亲让我了解了凡高和安徒生，这两个人告诉我，上帝没有这个意思。"促使他成功的无疑是那两位贫贱的名人。

从这个故事，你是否发现这样一个事实：造化有时会把它的宠儿放在穷人中间，让他们操着卑微的职业，使他们远离金钱、权力和荣誉，可是在某个有意义有价值的领域却让他们脱颖而出。

在现实生活中，我常看到这样的人，他们常因自己角色的卑微而否定自己的智慧，因自己地位的低下而放弃儿时的梦想，有时甚至因被人歧视而消沉，为不被人赏识而苦恼。这是一个多么大的错误啊！其实造物主常把高贵的灵魂赋予卑微的肉体，就像我们在日常生活中，往往把最贵重的东西藏在家中最不起眼的地方。

## 与你共品

孟子曾经说过，"天将降大任于斯人也，必先苦其心志，劳其筋骨，饿其体肤，空乏其身，行拂乱其所为……"这话翻译成简明的白话文就是：老天爷要重用你，得先考验你、锻炼你。这对那些从来没有成功过的人，像是精神胜利的麻醉剂；对那些正经历苦难而又心存希望的奋斗者，则是一剂强心针。

不要低估自己的能力，不要放大自己的卑微，要敢于和别人站在同一起跑线上。上帝从来不会事先定下结果，它只给你公平的机会和同样规则的竞争。

# 拥有自信

佚 名

5 年前，斯蒂芬·阿尔法经营的是小本农具买卖。他过着平凡而又体面的生活，但并不理想。他家的房子太小，也没有钱买他们想要的东西。阿尔法的妻子并没有抱怨，很显然，她只是安于天命却并不幸福。

但阿尔法的内心深处变得越来越不满。当他意识到爱妻和他的两个孩子并没有过上好日子的时候，心里就感到深深的刺痛。

但是今天，一切都有了极大的变化。现在，阿尔法有了一所占地 2 英亩的漂亮新家。他和妻子再也不用担心能否送他们的孩子上一所好的大学了，他的妻子在花钱买衣服的时候也不再有那种犯罪的感觉了。阿尔法过上了真正的幸福生活。

阿尔法说："这一切的发生，是因为我利用了信念的力量。5 年以前，我听说在底特律有一份经营农具的工作。那时，我们还住在克里夫兰。我决定试试，希望能多挣一点儿钱。我到达底特律的时间是星期天的早晨，但公司与我面谈还得等到星期一。晚饭后，我坐在旅馆里静思默想，突然觉得自己是多么的可憎。'这到底是为什么？' 我问自己 '失败为什么总属于我呢？'"

阿尔法不知道那天是什么促使他做了这样一件事：他取了一张旅馆的信笺，写下几个他非常熟悉的、在近几年内远远超过他的人的名字。他们取得了更大的权力和更高的职位。其中两个原是邻近的农场主，现已搬到更好的地区去了；其他两位阿尔法曾经为他们工作过；最后一位则是他的妹夫。

阿尔法问自己：什么是这5位朋友拥有的优势呢？他把自己的智力与他们做了一个比较，阿尔法觉得他们并不比自己更聪明；而他们所受的教育，个人习性等，也并不拥有任何优势。终于，阿尔法想到了另一个成功的因素，即主动性。阿尔法不得不承认，他的朋友们在这点上胜他一筹。

当时已快深夜3点钟了，但阿尔法的脑子却还十分清醒。他第一次发现了自己的弱点。他深深地挖掘自己，发现缺少主动性是因为在内心深处，他并不看重自己。

阿尔法坐着度过了残夜，回忆着过去的一切。从他记事起，阿尔法便缺乏自信心，他发现过去的自己总是在自寻烦恼，自己总对自己说不行，不行，不行！他总在表现自己的短处，几乎他所做的一切都表现出了这种自我贬值。

阿尔法终于明白了：如果自己都不信任自己的话，那么将没有人信任你！

于是，阿尔法作出了决定："我一直都是把自己当成一个二等公民，从今以后，我再也不这样想了。"

第二天上午，阿尔法仍保持着那种自信心。他暗暗以这次与公司的面谈作为对自己自信心的第一次考验。在这次面谈以前，阿尔法希望自己有勇气提出比原来工资高 750 美元甚至 1000 美元的要求。但经过这次自我反省后，阿尔法认识到了他的自我价值，因而把这个目标提到了 3500 美元。

结果，阿尔法达到了目的，他获得了成功。

## 与你共品

积极主动的人生态度和处事风格是取得成功的重要条件，它能抢占先机，未雨绸缪。守株待兔、以逸待劳的人永远都是面黄肌瘦的。我们常会听到这样的抱怨，"为什么失败总是属于我？""我为什么就不行呢？"……你已经认定自己"失败""不行"了，给自己判了死刑，谁还会给你生路呢？

当你觉得自己出了问题的时候，不妨静下心来好好总结一下自己，看重自己，主动出击，让自信牵引着你的人生，一切就会重新改写。

# 告诉自己：我能行

佚 名

有个女孩生性胆怯，因为她有些口吃。其实她的口吃并不严重，但她长期生活在自卑的阴影之中，脑海时时浮现老师轻蔑的眼神和自己在课堂上的尴尬场面，耳畔时时响起同学们的嘲笑声，长此以往，她的缺陷愈发明显。虽然她的声音很好听，她的理想是当播音员或演讲家，在准备很充分的情况下，在不紧张时她的表现非常好，几乎听不出来她的缺陷。如果她主动告诉别人，别人会显出很惊讶的表情，说："不会吧，我怎么没听出来呢？你演讲得很不错啊！你在重要场合是太怯场了吧！"事实上，每当她站在讲台上时，面对台下众多的听众就会控制不住自己，结结巴巴。

因此，她错过了很多发展的机会。她感到很痛苦，常常独自舔舐伤口。

后来，在一位朋友的引荐下，她去拜访一位成功的长者。她把内心的苦恼倾诉给那位长者，然后恳求道："您在我认识的人中，是最有才智的一位，您可以给我指条成功的路吗？"

长者微笑地听着，说道："对自己说：我能行。"

女孩犹豫了一下，缓缓开口说："我能行。"长者说："用心再说一遍。"女孩顿了顿，大声说着："我能行。"长者说："再来一遍。"突然，女孩用劲大喊了一句："我能行！"

那位长者意味深长地说道："以后，经常对自己说这句话。永远不要对自己说'不能'。"

此后，那个女孩终于克服了自己的缺陷，屡屡在学校的演讲比赛中获奖，学习成绩扶摇直上，最终如愿以偿地考取了广播学院，实现了自己的理想。

要想让别人肯定你，首先得自己肯定自己，自信一切都难不倒你，对横亘在你面前的所有障碍，你都能轻轻地拂去，如同掸掉一网蛛丝一般。不要轻易否定自己的能力，不要为自己的心灵设限，时常告诉自己：我能行！

只要你充满自信，勇敢地去做，就一定会有丰厚的收获。做到了这一点，距离成功还会远吗？

## 与你共品

"我能行"这三个字是自立自强之人对自己的心理暗示，它应该被时常挂在嘴边，渐渐形成习惯，最终深入骨髓。上场前说"我能行"，能调整好自信的心理状态；胆怯时说"我能行"，能推动自己进行大胆的尝试；竞争时说"我能行"，能抓住很多转瞬即逝的机会；想放弃时说"我能行"，能支撑自己抵达光辉的彼岸。

深窥自己的心，你会发觉一切奇迹的创造在你自己。不要吝啬肯定自己，告诉自己：我能行！因为一旦放弃了自己，真的会一无所有。

# 一切皆有可能

佚 名

历史上曾经发生过这样一件事情。

在险峻的阿尔卑斯山圣伯纳山口，拿破仑问随行的工程师："通过这条路穿越过去，有没有可能？""可能行的。"他们吞吞吐吐地回答。"那就前进吧。"身材不高的拿破仑坚定地说，丝毫没有把工程师的弦外之音听进去。

当英国人和奥地利人听到拿破仑想要跨过阿尔卑斯山时，他们都轻蔑地笑了，那可是一个"从未有车轮碾过，也不可能有车轮能够从那儿碾过的地方"。

然而，被困的马赛纳将军在热那亚陷入饥饿境地时，认为胜利在望的奥地利人看到拿破仑的军队突然出现，他们不禁目瞪口呆，拿破仑没有像其他先行者一样被高山吓住，没有从阿尔卑斯山上退下来，他出人意料地"不可能"地成功了。

生活中存在着许多表面上看来不可能做到的事情，在一定的条件下却是可以实现的。只要你有信心和勇气去面对，相信自己一定能够做到，用毅力和恒心去争取，就完全可以如愿以偿。成功者必备的一个条件就是相信自己能够成功。"给我一个支点和足够长的杠杆，我可以转动整个地球。"亲爱的朋友，你找到了属于自己的支点和杠杆了吗？

## 与你共品

　　一切皆有可能，庸人和强者都这么说。在庸人眼里，无数的偶然致使所有的事都可能发生；在强者眼里，不懈的努力使得没有什么事情是不可能的。拿破仑穿越了阿尔卑斯山，他向世人宣布，在他的字典里，没有"不可能"三个字。

　　没有做不到，只有想不到。思想有多远，我们就能走多远。想象、创造、理性、意志、科学、技术……上九天揽月、下五洋捉鳖，当无数的预言一个个实现，人类的认知和判断也被一次次地改变。而这，不仅仅是技术的力量，更是信心和意志的胜利。

# 第四章
# 做一颗高速旋转的钻石——远离自卑

## 把嘲笑当动力

佚名

美国伊利诺伊州的康农，在他初任众议院的议员，当众演讲时，言辞犀利的新泽西代表斐普士说："这位从伊利诺伊来的先生，口袋里恐怕还装着燕麦呢！"

他的意思是讽刺他还未脱掉农村气息，全会场的人听见后哄堂大笑，这该是多么的受窘，多么难堪的事。但是康农虽相貌粗野，心地却很澄明，他坦白承认斐普士先生所说的，虽然是嘲弄，但也是事实，从容不迫地答道："我不仅在口袋中有燕麦，而且头发里还藏着草籽，我是西部人，难免有些乡村气，可是我们的燕麦和草籽，却能长出最好的苗来。"

康农因为这虽似自贬身份的反驳名闻全国，大家反而恭敬地称呼他为"伊利诺伊最好的草籽议员"。

康农知道：对付嘲讽这一类事，不能躲闪，也不能害怕，你愈躲闪、愈害怕，它便愈攻击你，使你日夜不宁，你若迎头痛击，反而能为你所克服，使对方无技可施。这好比遇到野狗一样，狗若见你怕它，它便越肆意咆哮，你若转身对付它，它反而停了狂吠，向你摇尾乞怜。

从前罗斯福总统就曾大大受过朋友嘲弄的恩惠。那些朋友们对于他丑陋的长相和虚弱的体格常常嘲笑，因此激起了他的奋发心，到西部去把身体练好。当他被人戏弄时丝毫不为保住面子而竭力辩解；反之，他对于他们的指责，完全坦然接受下来。

有一天，他在北德兰德斯与许多同伴砍伐一块空地上的树木，以便在那里建筑一栋屋子。当傍晚下工时，工头问他们每人砍了几株，有一个喜欢开玩笑的工人说："皮尔砍了35株，我砍下49株，罗斯福则只有17株，但他更辛苦，因为他是用牙齿咬下来的。"罗斯福在旁听了，想想自己所砍下的树，切口上确实是斧迹高低不齐，好像咬下来的一般，不禁连自己也好笑起来了。他老实承认自己的成绩，比起别人的，确实是相差很远。

又有一次，那时罗斯福是北德兰德斯牧场的主人，常常出外打猎。他为了知道射猎山羊的诀窍，打听到某处有一位著名的猎师，名叫威尔斯，便写信请他来做教师。那封信的末尾说："你想如果我去猎一只白山羊，能够如愿以偿吗？"

那位猎师原是一个粗人，不懂礼貌，就在罗斯福那张信纸的背面，写了一封回信说："假使你的猎术没有你的写信技术高明，那你即使看见山羊从你面前奔过，你也休想碰掉它的一根毫毛。”

如果罗斯福是一个好高自大、不能忍受丝毫侮辱的人，他接到这封回信一定会勃然大怒，绝对不会再向那得罪他的猎师请教了。但他当然不会这样做。他打了一个电报，请那位猎师立刻动身前来。

罗斯福深知那位粗鲁但爱讲老实话的猎师，比一些只知谄媚奉承、对于自己的话言出必从的人好得多。

一个人受了嘲笑，不要窘态毕露，无地自容，更不必去计较它，正因为嘲笑中有真实性，事实愈真实，刺激也更厉害。因此，就像康农一样，立刻承认，而这些无关大体的小弱点，正表白了你诚恳忠实的性格，自己的缺点，本是想努力改进的事，哪里还怕被人家道破呢？

头脑清晰的人，绝不以完人自居，他自知有许多缺点须待改进，而别人的嘲笑，正可把这些不自知的缺点揭露出来。我们的脸皮，不可太薄，一受嘲笑，被言中缺点，便神经过敏，而不能镇定，这是缺点；但如果脸皮太厚，无动于衷，不接受别人的指责，改进自己的缺点，这也是不对的。

如果我们拥有强大的力量，我们就必须为生活中所发生的事情负责。主宰自己的生活，在必要时说“不”，表达你的真实感情，不要让别人视你如敝屣。一般人，总以为嘲笑自己的是仇敌，而奉承自己的是好友。心性懦弱的人，会被嘲笑的力量压弯了原来挺拔的脊梁；而心性刚强的人，则会把别人的嘲笑视作一种完善自我的力量。

## 与你共品

嘲笑不同于侮辱，面对侮辱要坚决回击以捍卫自己的人格和尊严，面对嘲笑则大多不必那么激动。有的嘲笑并无恶意，姑且一笑了之；有的嘲笑是批评性的，有则改之，无则加勉。嘲笑是一种提出和解决问题的特殊方法，嘲笑中包含了真实性，自省的人会认真对待嘲笑中的事实，正视缺点，努力改进。

嘲笑别人会贬低自己，但正确对待别人的嘲笑会使自己变得越来越强大。把嘲笑当动力，人生的航船会很快驶离自卑的码头，进入自信和自我完善的正常航道。

## 再破的盆里也能开出美丽的花

苇 笛

自从8岁时的一场车祸使她只能一瘸一拐地走路后，自卑就如山一样压得她抬不起头来。她一年年地长大，也一年年地沉默着。

就这样一路读到了初二，她的班级来了位朱老师。一天，放学后她正整理书包准备回家，朱老师走了进来。

"小樱子！"老师亲切地叫着她的小名，"你能帮老师一个忙吗？"

"什么忙啊？"她紧张地问道，心里充满了莫名的惊恐。

"老师想请你帮忙给花浇浇水，老师太忙了，小樱子来帮帮老师好吗？"

"好的！好的！"她激动得脸都红了。

朱老师家的院子里摆满了山茶、丁香、凤仙花……她特别偏爱的，却是一株不知名的植物，它有着清秀挺拔的枝干，长着狭长的叶子……她一直渴望知道，它会开出什么样的花。

终于有一天，当她再次给它浇水时，惊喜地发现，花开了。那是一朵纯白的喇叭形的花，优雅地立在枝头，如天鹅般顾盼生姿……

"好看吧？这是百合。"不知何时，老师已走到她的身边，轻轻地揽住了她的肩膀。她无言地点了点头。"它的花盆好看吗？"老师接着问。

她下意识地注视着花盆。那是一只废弃的脸盆，锈得连边都没有了。

"一盆花，能开成什么样子，起决定作用的，是种子，而不是花盆……"老师温柔地对她娓娓道来。

那一刻，似乎有一束强烈的阳光，驱散了她心里布满的阴霾。从那以后，她就像换了个人似的，成绩突飞猛进，优秀得令人望尘莫及……

大学毕业后，她参加了一家著名企业的招聘，有幸进到最后的面试。面试时，主考官突然问道："作为翻译，仪表是十分重要的，请问你如何看待自己的残疾？"

她坦然一笑，从容谈起为老师浇花的经历。最后，她说："这么多年来，我一直记得老师对我说过的那句话'决定一盆花的，是种子，不是花盆'。而我自己想说的是，决定一个人的，是她的心，而不是她的相貌。"话音刚落，掌声便响了起来……

## 与你共品

如果一个买花的人因为花盆的残破而失去了一株美丽的花卉，那是他有眼无珠；如果一个招聘的人因为外表的缺陷而失去了一个真正的人才，那是他天大的损失。

花可自赏，人当自助。没有美丽花盆的包装，花儿也当把自己绽开得更加绚烂；没有健全躯体的掩护，人定当把自己的内心锻造得更加坚强。强者之所以成为强者，在于他战胜了自己的软弱。不要抱怨命运的不公，你比别人少了一点儿，要达到与别人相同的高度，自然要比别人多付出一点儿，这道算术题就这么简单。

## 双腿残疾的骑马冠军

佚 名

有个女孩，在城市里教书，因厌倦了城市里忙碌的生活，于是她决定要到郊区购买一处牧场，实现她多年来的愿望，过朴实的田园生活。

这位女孩非常喜欢骑马，所以她在牧场中设了马场，让喜欢骑马的人，都能共享骑马的乐趣。

此外，这位女孩还开办了骑马的课程，让想学骑马的人，有个学习的场所。

不过，在课程开办的当天，众人中出现了一位双腿都残疾的小朋友。

刚看到这个小朋友时，那位女孩吓了一大跳。她本想婉言拒绝，但在听完这个小朋友的志向后，她就改变了原先的想法。

这个小朋友告诉她说："我很想学骑马，虽然我目前这个样子，是很困难的，但我一定会努力，我希望能在日后的各项比赛中，都有不错的表现。"

看着这个小朋友满怀了希望，那位女孩实在不忍心拒绝，所以她就决定要好好地教导那个小朋友。

经过长期的训练后，这个小朋友骑马的技术已进步很多，不输给其他任何选手。

这个小朋友带着满满的信心，参加了各种比赛，都有不错的表现，且如愿地拿了多次的冠军奖杯。

一个人如能不放弃自己，纵使身躯有残障，或先天条件比人差，相信只要能带着满满的信心，面对任何事，他所表现的，一定不会输给任何人，还可能会胜过很多人。正如马克·吐温所说："如果做得对，或够努力的话，我们就能确保会得到别人对我们的赞许；但我们对自己的赞许，将会更有意义……"

就如同这个学习骑马的小朋友一样，他就是不放弃自己，认真地学习，又不断地努力，才会有后来的收获。

如果凡事都带着满满的信心，去面对每一个明天，相信在心中所激起的决心，绝对会很强烈，又会很有力量。

## 与你共品

残疾可能来自父母，残疾可能来自偶然，但走出残疾的阴霾要靠自己，这是必然。身处残疾无疑是不幸的，但在这个无法改变的不幸过后又有一种幸运，因为它让残疾人比健全的人更懂得什么更珍贵。

残疾对自信和坚强的人而言，只是某一种东西与他的身心的暂时分离。在他们眼里，残缺的东西是能够找回来并补充完整的，这个寻找的过程，就是与残疾抗争的过程。

# 一生定要美一次

*流 沙*

依米花生长在非洲荒漠地带，默默无闻，很少有人注意过它。许多游客以为它只是一株草而已。但是，它会在某个清晨突然绽放出美丽的花朵来。

那是无比绚丽的花，似乎要占尽人世间所有的色彩。它的花瓣儿呈莲叶状，每瓣自成一色：红、白、黄、蓝，在非洲的沙漠里，似与毒日争艳。

但是，它的花期很短，最多只有两天。两天后它就会随着母株一起枯萎。它的绽放，同时意味着它生命的终结。

在茫茫沙漠里，为什么依米花会开出如此美丽的花儿来呢？植物专家们解开了这个谜。

在非洲荒漠地带，植物的生长同样需要水分，而开花的植物对水分的需求更大。非洲一般植物都有庞大的根系采水。但是，依米花却没有根系，只有唯一的一条主根，孤独地蜿蜒盘曲着钻入地底深处，寻找有水的地方。

能否找到水，则需要幸运和顽强的努力，一株依米花的主根往往需要四至五年的时间在干燥的沙漠里寻找水源，然后一点一点地积聚水分。在蓄足花蕾所需要的全部水分后，它开花了。但是，花朵需要消耗大量水分，所以它往往在最美丽的时候，因为耗尽水分而凋零。

用5年的时间为开一朵花而努力，这是何等顽强而心酸的事情。假若依米花生长在水源充沛的地方，它将会美丽更长时间，可偏偏它的家园在荒漠。

与人类相比，人类要比依米花更具智慧和理性。但我们却不会不屈不挠为一朵花的绽放而努力，在遭遇困难和阻挠的时候，往往接受环境给予自己安排的命运，自己对自己说："算了，这只不过是一朵花。"

如果用一生定要美丽一次，一生定要绽放一次的心情去坚持，我想，每个人的人生都会比现在更加光彩夺目。

## 与你共品

在这个生活节奏快得令人眩晕的时代，是否还需要等待和坚持？人们都说，"一万年太久，只争朝夕"，又说，"出名要趁早"。庆幸的是，终究还有人用一生的代价兑现一次允诺和期待，那是瀑布用粉身碎骨换来的歌唱，是依米花用5年时间换来的两天的美丽绽放。

泰戈尔说，天空中没有留下翅膀的痕迹，但我已飞过。是的，只要我们竭尽所能，做过了，就够了。如果我们每个人都以自我价值的最大实现作为生命的最高追求，这个世界何愁没有勇往直前的动力和五彩斑斓的生活？

## 谁同意你自卑

张小失

1990年夏天，也就是我高考过后的那个暑假，一名同学来我家玩耍，问起毕业照的事："相片上怎么没有找到你？"当时，我撒谎说因事迟到，没能赶上合影。其实，老师和同学们在楼下集体照相的时候，我正一个人藏在教室内，透过窗户玻璃偷偷注视他们……

那时，我已经是个深深自卑的人，因为上学，因为考试，因为我是一个彻底失败的学生。那个暑假我过得很痛苦，很阴暗。作为两位教师的儿子，我的前途却完全陷于迷茫。那个时候，考大学就是一个高中生的一切。每当我听见父母谈论谁谁家的孩子分数达线，即将被某某大学录取，我的自尊心就濒临崩溃。这种压抑的心境使我厌倦自己，进而厌倦一切。我不愿见人。

每年暑假、寒假，乡下的姑爷都要来我家做客。那天，我得知他又要来，便提前出去，漫无目的地走到城外的一座大桥下。桥肚很阴凉，人迹罕至，是我存身的理想场所。桥上不时驶过一辆汽车，轰轰隆隆的，我的心却渐渐趋于安静。我坐在一块大石头上，看缓缓流过的河水。

我的清醒是在一小时后。河对面的桥肚下爬起一个人。河面大约 10 米宽，所以，我能清楚地看见他—— 一个流浪汉。他蓬头垢面地从一堆脏铺盖上爬起来，慢慢走到河边，洗脸、喝水。他一直在那边的桥肚下睡觉，我居然没有发觉。他捆起铺盖，背起来，慢慢消失在远方的街口……

当看不见那个流浪汉的时候，我猛然意识到自己的存在。那一刻，我的泪水夺眶而出，心中的悲恸莫名地爆发出来，只是，我没有哭出声。作为高中毕业生的我，已经读过一些文学名著，对人生也有了一点儿肤浅的理解，之所以没将自杀付诸实施；除了因为勇气不足，还因为夏洛蒂·勃朗特写在《简爱》中的一句话：有的人不怕死，却害怕活着……如今想来，当时的我确实简单得可笑，可是身处其间的时候，真的无法自拔。

那天，我从桥肚下往家走的时候，已接近傍晚。我想，姑爷一行可能已经回去了。推开家门，我愣住了，姑爷还坐在堂屋。我内心很紧张，想回头就走。但是，姑爷叫了我一声。我硬着头皮陪姑爷坐了一会儿，然后回了自己的书房。姑爷是位憨厚的农民，他的安慰之辞也不会出乎我的预料，我尊敬他，却不会用心听他的唠叨。当天晚上，父亲很生气地说："你怎么对姑爷那样？他几乎等了你一整天，为的就是和你交交心！"我解释说不想见任何人。父亲说："我知道，你自卑！谁同意你自卑了？除了你自己。"

多年后，我在回忆夏洛蒂·勃朗特和父亲的话时，还想起阿德勒，一个奥地利心理学家，他在《自卑与超越》中指出，成功者离不开自卑，他们必须在自卑的动力驱使下，走出自卑的阴影，在更高、更远的地方找到生命的补偿。

所以，我走到了今天，并且一直在努力，因为我期待着明天的成功。

## 与你共品

自卑和自信是一对不和的兄弟。自信需要培养。你每天可以问自己：上课或者开会的时候是否习惯挑前面的位子坐？与人交流的时候敢不敢睁大眼睛正视对方？走路的时候做到昂首挺胸、步伐矫健了吗？是否学会了微笑？是否敢于在众人面前大胆发表自己的意见？如果没有做到，在你心里就还潜存着自卑的种子。

自卑需要超越。其实对于一个人而言，关键不是有没有自卑，而是怎样对待自卑。自卑具有推人前进的反弹力，成功者的信心很多都是从超越自卑开始的。

# "左右"命运的一只香炉

星竹

中国台湾人卜杰，是一个相当自卑的人，从小他的父母便早早地因病离开了他。上学的时候，卜杰全是靠着别人的救助过来的。他的成绩总是班上的最后几名。工作后，他也没有什么像样的表现，跑遍台南台北，先后换了几个地方，仍然一无是处。卜杰认为，自己是人群里最差的那一个。因此，卜杰对生活非常失望。在卜杰25岁的那年，患上了抑郁症。渐渐地，他对生活失去了信心。

卜杰的病情越来越重，以致想到了自杀。他觉得生活太没有意思，活着太没有意思了。准备自杀前，他将自己的物品整理了一下。他的东西少得可怜，只有一只老旧的香炉还算可以。香炉是可以搁在怀里取暖的那种，精致得很。

卜杰将香炉送给了身边那位常常劝解他的朋友。朋友收下了香炉，但只隔一天，朋友便和一个古董专家将香炉送了回来。朋友告诉卜杰，这只香炉太贵重了，他不能要。古董专家告诉卜杰，经过鉴定，这只香炉是宋代时期大陆出土的，价值在50万元以上。卜杰一时愣住，他万没想到，他竟然拥有这么一大笔财产。那是1986年，当时在台北，50万元，相当于现在的500万元。卜杰可以把香炉卖掉，也可以把香炉换成一栋大别墅。总之，一夜之间，卜杰成了富有的人。那时台北二十几岁的人，谁能有50万元呢，卜杰有！

卜杰没有死，这只香炉改变了他的念头。卜杰包下了一间街面店，卜杰没有钱，但他有一只价值 50 万元的香炉。卜杰去贷款了，4 万元，当时也算是个大数字了。卜杰想如果生意赔了，就把香炉卖掉。

卜杰没有赔，卜杰的店铺从一间做到了两间。卜杰的成功，使他开始觉得生活有意思了。慢慢地，他成了一个有信心、有愿望的人。生意上的成功使卜杰重新审视自己，评价自己，他觉得其实他什么都成，绝不比谁差半点儿。他甚至发现，在人群里，他还是一个相当优秀的人。

没有人的时候，卜杰会掏出那只香炉，仔细地端详，看了又看。他的命运是被这只香炉改变的。

1996 年，有人向卜杰建议，能不能与美国人合办一家超市。卜杰决心搏击。不成还可以把香炉卖掉。这只香炉，简直就是卜杰闯世界的全部保障。有它，卜杰什么都不怕。卜杰再次去贷了 2000 万元。超市办起来了。可是那时台北人还不了解这种洋超市，洋超市在台北还是一种新生事物。卜杰失败了，整整赔了 700 万元。

没有办法的卜杰拿出香炉，他舍不得，但也只好如此。卜杰去拍卖行，他要卖掉香炉还债。拍卖行的人看了香炉，却给了卜杰当头一棒：假的，一钱不值！卜杰傻了，久久地愣住。这么多年，他是靠着这只香炉活着的，可香炉原来却是假的。这一次，卜杰没有想死。无论怎样，他都需要活着！何况他对活着的意义已经有了全新的认识。卜杰去找几年前的那个朋友，希望再见一见古董专家，再帮他看一看香炉的真假。

朋友望着他，老实地告诉他：不必找了，香炉就是假的。

那个所谓的古董专家也是假的，是个心理医生。我们当年只是不想让你死掉。香炉也许可以作为你的一根救命稻草，那时你必须抓住点儿什么，做一点儿什么。

卜杰全明白了，这些年里，原来他是凭着一个莫须有的东西支撑着。也正是这个莫须有的东西使他创造了一切，甚至挽救了自己的生命。是的，他压根就什么都没有，只有他自己。多少年过去了，他现在仍然是两手空空，同样是一个什么都没有的卜杰。

可他已经完全不同，现在的他，已经有了做人的勇气和对生活的无比信心。他不再那样悲观失望。

几年后，卜杰又有了自己的事业，他就是现在中国华商建筑总公司的总经理。在世界各地都有他的建筑队伍。那只香炉卜杰还留着，永久地珍藏着。在他的眼里，那不是什么假货，也不是一般普通意义上的香炉。

## 与你共品

从尊重生命的角度而言，自杀是一种自私的、懦弱的自我选择生命终止的行为。复仇后的自杀代价太大，受辱后的自杀回报太小，唤起关注的自杀造成的影响会很快被时间抹平。由此可见，如果不是为了信仰，自我毁灭是多么愚蠢！

每个人心里都有一只香炉，那是你山穷水尽时的地图，是你的救命稻草，但它只是一个希望，不是你的全部。当你看透了它的真假，参透了它的价值，你会发觉，大悲大喜只是生命的两个极端，在希望与绝望之间有着如此广阔的中间地带，那里才是你尽情施展的天地舞台。

正确面对困难和挫折篇

# 第一章

# 大海中没有不带伤的船——正视挫折

## 莱辛：苦难磨亮的人生

*感动*

她出生在伊朗东北部一个贫困的家庭。父亲做苦力，母亲给人家帮佣，勉强维持着一家人的生计，所以，她刚刚出生，就掉进了苦难窝里。

迫于生计，她6岁时随父母移居到非洲的津巴布韦，她在那里入学，和黑皮肤的孩子成为同学和玩伴。她本应该无忧无虑地享受童年时光，但灾难却不期而至。12岁那年，她小学还没有毕业，却突然得了眼疾，她眼里的世界一下子模糊起来，就连书本上最大的字也看不清楚了。那天，母亲带着她离开校园时，她几次回头，也看不清曾经熟悉的老师和同学，她绝望得痛哭流涕。黑暗的世界里，她每天在地狱般的孤寂与痛苦中苦苦挣扎。为了安抚她的情绪，母亲每天晚上回来，都要给她讲一些外面的见闻。白天，父母都出去做工了，没有人来陪她，为了打发时光，她就把听到的那些见闻编成许多感人的故事，没想到，父母听了她的故事后，竟被感动得泪流满面。

16 岁时，她的视力渐渐恢复了正常，看着家里的窘境，她主动向父母要求出去做工，赚钱养家。她找到的第一份工作是电话接线员，每天从早到晚地工作，能赚到买一块黑面包的钱。一块黑面包，她也很满足了，因为这就解决了全家的晚餐问题。但是好景不长，不久，她就因为接错了一个重要电话而被解雇了。于是，她又开始四处找工作，最后，她给一个有钱人家的小孩做保姆。这是个不听话的孩子，没办法，为了哄他高兴，她就编各种各样的故事讲给他听，直到有一天，孩子的父亲偶然听到了她讲的故事，这位博览群书的男主人对她说："你讲的故事很精彩，出自哪本书呢？"她害羞地说是自己编出来的。男主人吃惊地对她说："我一定要把这些故事都记录下来，有一天，你也许会成为作家呢！"这番话，对于 16 岁的她来说，不过是一句笑话罢了，因为她每天要面对的，还是贫穷的现实生活。

20 岁时，她结婚生子了，她憧憬着，自己的人生之路，从此会铺满灿烂的阳光。但她没想到，婚姻却成了她生命中的一劫。婚后第三年，那个她认为可以依靠的男人，突然销声匿迹了，他拿走了家里所有的财物，扔下了 3 个幼子和支离破碎的家。想着茫茫的人生之路，她恐惧、心痛，她不知道自己的未来在哪里。为了排遣苦闷，她开始提起笔来写被自己称为故事的小说。写小说，成了可以让她逃避现实、排遣痛苦的方式。

31 岁时，她发现自己实在无法养活 3 个年幼的孩子了，望着骨瘦如柴的孩子，她做出了一个大胆的决定：离开贫困的津巴布韦，到外面的世界寻找生机。她带着孩子离开津巴布韦，经南非开普敦搭乘客轮前往英国。万里漂泊的轮船上，她两手空空，囊空如洗，此时，她的全部家当只是背包中的一部反映非洲生活的小说草稿。

刚刚下船，问题就来了。没有食物，没有住处，孩子们嗷嗷待哺，她那颗母亲的心如同刀绞。她拿着自己唯一的筹码——那部长篇小说的草稿到出版社去碰运气，结果，她处处碰壁，受尽白眼和奚落。没有人会相信，一个非洲来的流浪女人会写出可以一读的小说来。但她没有别的路可走，她也不敢放弃，因为这是自己和孩子们的唯一机会。在半个月的时间里，她几乎敲遍了伦敦所有出版社的大门。直到有一家出版社同意以《野草在歌唱》为题出版她的小说。

包括她自己，任何人也没有想到，这部非洲题材的小说出版后竟吸引了无数读者，整个伦敦出版界在一夜之间都认识了这位带着 3 个孩子的年轻母亲。

一部小说的成功，让她看到了人生的希望和生活的方向——继续写故事、写小说。童年以来的苦难与坎坷经历，都成了她创作故事的素材。贫苦的出身，使她对弱者有着天然的亲近与同情；对人性的深切关注，又使她以强烈的社会责任感勤奋写作，结果，她在写作的道路上一发不可收拾，结出了累累硕果。

从 1952 年开始，她用 17 年的时间，创作发表了《暴力的孩子们》《金色笔记》等多部长篇小说。她的作品越来越受到人们的关注，但与此同时，一些诋毁和攻击也如风暴般袭来，有些人说她的小说是狭隘思维与偏激思想的混合物，有些人干脆说那是垃圾。她宠辱不惊，唾面自干，埋着头继续写自己的小说。她相信，只要坚持笔耕不辍，总有一天，人们会理解自己写的这些故事，并喜欢这些故事。

时光荏苒，在文字中耕耘的她由少妇变成了老妇，又由老妇熬成了耄耋的白发老婆婆。有一天，当她去超市购买生活用品回来时，看到自家门口挤满了带着摄像机的人，她好奇地问那些人："你们是要在这里拍外景剧吗？"这些人就告诉她："我们是在等你呢，你不知道吗？你获得了诺贝尔文学奖。"这位白发老婆婆听了后，却面无表情，任由人们呼喊着她的名字：多丽丝·莱辛。

2007 年 10 月 11 日，瑞典文学院宣布，本年度诺贝尔文学奖获得者为多丽丝·莱辛，颁奖公告中这样写道："她用怀疑、热情、构想的力量来审视一个分裂的文明，以及她那史诗般的女性经历。"

这一天，距离莱辛 88 岁生日还有 11 天，她是当下获得诺贝尔文学奖的最高龄者。

回顾莱辛的一生，苦难一直伴随着她，这是一种不幸，但这又何尝不是一种大幸？也许正是有这些苦难的磨砺，她的人生才会光芒四射。

## 与你共品

苦难可以压倒弱者，但对于强者，苦难则是燧石，可以击打出绚丽的火花，磨亮你的人生。

苦难教给了你别样的阅历，锤炼了你原本脆弱的意志。越王勾践饱受丧家亡国的苦难，却让他卧薪尝胆，三千越甲可吞吴；贝多芬饱受失聪的苦难，却让他扼住命运的咽喉，弹奏出了最美的音符；而多丽丝·莱辛饱受贫穷的苦难，却让贫穷、苦难、坎坷化成最美的诗行，摘得诺贝尔奖的桂冠。由此看来，既然苦难不能避免，那么，就让苦难来得更猛烈些吧，让你的人生历经苦难的磨砺，而后熠熠生辉。

# 肯尼迪：发掘疾病的另一面

蒋平

有这样一位病恹恹的美国人。

3岁时，得了严重的猩红热，在医院一躺就是数月。后靠一剂强心针，勉强摆脱了死神的纠缠。

18岁时，他又染上了一种怪病，住进波士顿的一家医院。在写给朋友的信中，身心俱疲的他流露出了绝望："也许，明天你就得参加我的葬礼了！"

26岁时，他通过隐瞒病史参加了海军。在与日本人的一场海战中，他所在的军舰不幸被击沉，最后靠身边的一块木板捡回了一条命，但身体却落下了更严重的后遗症。

30 岁时，他去英国远差，突发虚脱昏倒在一家旅馆里。当时，英国最高明的医生断言他"最多只能活 1 年"。

37 岁时，他身上多种病症并发，长时间卧床不起。

……

可就是这样一位从小到大百病缠身、快要接近废人的人，却从平民百姓起步，从工人、军人、作家再到议员，一步一个脚印，在 43 岁那年，成为美国历史上最年轻的总统，他就是约翰·肯尼迪。

很难想象，在公众场合精力充沛、风流倜傥的肯尼迪竟然是个药罐子。而事实的确如此，在他各个发病期的主治医生都见证了这一点，同时，他们也见证了肯尼迪各个发病时期孜孜不倦的勤奋：病床上，他的身边随时堆满了书籍和笔记本，35 岁那年，他在病床上创作的描写二战期间的专著《勇敢者》，荣获了当年的普利策奖；在当了总统之后，有时病得无法办公，他就躺在疗养室的温水池里阅文件、下指示……因为疾病，无时无刻不让他感受到死亡的威胁，这种威胁又无时无刻不让他感觉到时光的宝贵，因此，在有限的 46 年生命中，他废寝忘食、快马加鞭，成为美国历史上最有影响力的总统之一，被业内人誉为"与时间赛跑的人"，这不能不说是一个奇迹。

按常理，身体是革命的本钱，疾病对一个人而言，往往意味着事业的停滞；而肯尼迪的人生却向人们昭示了一种全新的疾病的另一面。因为，我们比肯尼迪有更好的身体条件和更多的创造时间，我们所欠缺的，是较量困难的斗志，以及把握光阴的自觉性。肯尼迪的奋斗经历，无疑可以成为一面镜子。

## 与你共品

　　强者的生命如同巨钟，你要砸碎它，它却发出震撼山岳的声响。肯尼迪的生命就如一口巨钟，他是这样一位病恹恹的美国人，却也是这样一位了不起的美国人。身后有死神的追赶，那就和时间赛跑，当赢了时间的时候，也就是成功的时候。

　　疾病可以摧垮你的身体，但绝对不可以打败你的意志，因为知道有疾病的侵蚀，所以要发掘疾病的另一面：自信、坚强、乐观、珍惜时间、把握机会等。发掘了疾病的另一面，你，也许就是站得最高的那个人。

## 没有不带伤的船

刘燕敏

　　英国劳埃德保险公司曾从拍卖市场买下一艘船。这艘船原属于荷兰福勒船舶公司，它1894年下水，在大西洋上曾138次遭遇冰山，116次触礁，13次起火，27次被风暴扭断桅杆，然而它一直没有沉没。

　　劳埃德保险公司基于它不可思议的经历，决定把它从荷兰买回来，捐给国家。现在，这艘外壳凹凸不平、船体微微变形的船，就停泊在英国萨伦港的国家船舶博物馆里。

不过，使这只船名扬天下的并非劳埃德公司，而是一名来此观光的律师。当时，他刚打输了一场官司，委托人也于不久前自杀了。尽管这不是他的第一次辩护失败，也不是他遇到的第一例自杀事件，然而，每当他遇到这样的事情，他总有一种负罪感。他不知该怎样安慰这些在生意场上遭受了不幸的人。这些人有的被骗，有的被罚；他们或血本无归，或倾家荡产；也有的因打输了官司，落得债务缠身。

当他在萨伦船舶博物馆看到这只船时，忽然有一种想法，为什么不让他们来参观这艘船呢？于是，他就把这艘船的历史抄下来，和这艘船的照片一起挂在他的律师事务所里。每当商界的委托人请他辩护，无论输赢，他都建议他们去看看这艘船。

据英国《泰晤士报》报道，截至1987年，已有1230万人次参观过这艘船，仅参观者的留言就有170多本。我们大多数人没有去过英国，也不知道这些参观者在留言簿上写了些什么，但有一点我认为似乎是不能少的，那就是：在大海上航行，没有不带伤的船。

## 与你共品

在大海中前行，没有不带伤的船；在人生路上跋涉，没有不遭遇风雨洗礼的人。不要拒绝这伤痛的来临，这伤痛会让你对曾经的失败更加刻骨铭心，对社会的洞察更加敏锐，对生活的态度更加自然，也会让你的眼光更加深邃。这每一道伤痕都写满了奋斗的诗行，都彰显着拼搏的力量，也指引着前进的方向。只要在伤痛中再一次地站起，你会发现，结痂的地方更耐磨。

风雨中这点痛算什么？擦干眼泪，重整旗鼓，扬帆起航，前方你还会受伤，但前方的前方，胜利的彼岸一定会出现。

# 名人的前身

王 悦

如果你现在的工作不是你梦寐以求的职业，不要悲观，很多名人都曾有过与你相同的境遇。请回答下面这些问题：

1. 猫王成名前是：

A. 渔民　　　　　　B. 卡车司机　　　　　C. 调琴师

2. 在她成为巨星并改名为"玛丽莲·梦露"前，诺玛·吉恩·默顿森在哪儿上班？

A. 冰激凌店　　　　B. 加油站　　　　　　C. 军工厂

3. 成为万人瞩目的明星前，麦当娜在什么地方打工？

A. 盖普服装店　　　B. 星巴克咖啡厅

C. 德肯油炸圈饼店

4. 肖恩·康纳利从事过不少职业，在扮演著名的007以前，他靠什么为生？

A. 卖眼镜　　　　　B. 沿街兜售冰激凌

C. 给棺材刷油漆上光

上述问题估计能答对的人不多，下面是答案，这些答案会让人对理想、对未来充满信心。

1. 卡车司机

高中毕业后猫王靠开卡车为生。1953 年，他用开车攒下的钱在孟菲斯市的一个录音棚里录制一盘自唱自弹的磁带，作为给母亲的生日礼物。机缘巧合，录音棚老板山姆·菲利浦斯听到他的歌声，被这个卡车司机独特的演唱风格和对音乐的执着深深打动了。山姆立即跟猫王签约，请他加入自己的太阳唱片公司。

2. 军工厂女工

玛丽莲·梦露（1926—1962），原名诺玛·吉恩·默顿森，出生在美国洛杉矶。1944 年，梦露在军工厂流水线车间上班时，被一个陆军摄影师注意到了。摄影师请她为几幅宣传画做模特，她从此走红。

3. 油炸圈饼售货员

麦当娜出生在美国密歇根州，高中毕业后进入密歇根大学，并获得舞蹈系的奖学金。但她两年后辍学，前往纽约寻求发展。成名之前，她在德肯油炸圈饼店里当售货员。之前她当过清洁工和衣帽间的侍者。

4. 棺材油漆匠

肖恩·康纳利 1930 年出生于苏格兰的爱丁堡，他做过泥瓦匠、游泳馆的救生员等工作。1950 年他在"世界先生"健美赛上获得季军后，开始在电影里饰演一些小角色，但生活来源还要靠给棺材刷油漆和上光的收入。后来因为出演《诺博士》中的詹姆斯·邦德（007）一举成名。

## 与你共品

冰心说：成功的花，人们只惊慕她现时的明艳！然而当初她的芽儿，浸透了奋斗的泪泉，洒遍了牺牲的血雨。名人，我们看到的是鲜花的簇拥，掌声的附和，光环的缠绕，可是没有谁一出生就是名人，在名人光环的背后，隐藏着许多不为人知的奋斗历程。他们也许曾经卑微过，也许曾经落魄过，但是，心中的梦想一直在延伸，奋斗的脚步一直在跋涉，就算跌倒100次，也会有第101次爬起来的勇气与毅力，这也许就是成功的秘诀。

有一句格言说得好：旁观者的姓名永远不会爬到记分板上去！迈开脚步，去奋斗吧，有一天你也会成功。

## 灾难是生活的一部分

朱晖

1994年9月27日晚，载有989名乘客的"爱沙尼亚"号巨轮正劈波斩浪地行驶在辽阔的海域上。

进入深夜，狂风大作，暴雨倾盆，漆黑的海面翻腾起惊涛骇浪。船舱内，却华灯闪耀，轻歌曼舞，游客们正尽情地享受他们的夜生活，没有人怀疑今夜的航行与以往有任何不同。

来自瑞典的小伙子肯特·哈尔斯泰特隐约有些担忧，他提醒周围的人可能会发生不祥的事情，结果遭到众人的取笑。要知道，"爱沙尼亚"号是全欧洲设备最先进的客轮，已经安全行驶14年，以当晚风暴的程度，绝不会给它造成什么威胁。然而，就在一瞬间，船舱突然发生剧烈晃动，喧嚣声、音乐声以及欢快的舞步顿时戛然而止，紧接着，底舱突然发出强烈震响，在一片死寂中，人们听到了海水涌进船舱那可怕的声音。原先泰然自若的游客终于意识到，大祸临头了。

哈尔斯泰特立刻在大脑中设计逃生计划，根据以往学到的生存技巧，他首先逃到走廊上，奇怪的是，其他乘客尽管惊恐万分，却不做任何逃生举动，有的一动不动地待在原地，有的则完全吓得不省人事。哈尔斯泰特继续顺着楼梯往上爬，此时轮船的倾斜幅度达到40多度。那一刻，他清晰地听到了"爱沙尼亚"号发出的第一次、也是最后一次紧急呼救信号。再看身下的甲板上，混乱不堪，好多人仍在做无谓的哭喊，他不禁感叹：他们为什么不设法离开那里？

伴随着"爱沙尼亚"号的极速下沉，许多人葬身大海。在"爱沙尼亚"号从海平面上消失的片刻前，哈尔斯泰特发现身旁的一个姑娘正哆哆嗦嗦地不知所措，他幽默地对她说："我们一起跳下去吧，如果我们能被救出，我想下星期邀您一起吃午餐。"姑娘点点头，然后他们拉着手一起纵身跳入海中。经过一番挣扎，哈尔斯泰特和姑娘艰难地爬上了一只救生筏，冰冷的海水冻得他们浑身僵硬，彼此就紧紧地抱在一起互相取暖。1个小时以后，一架从瑞典果特兰岛起飞的直升机赶到现场，他们获救了。

"爱沙尼亚"号沉没被称作欧洲现代史上最可怕的海难，据官方统计，船上所有乘客和船员共989人，幸存137人。而事故的原因，可能是因为船头舱门封闭不严，加上在大风大浪的海上航行速度太快所致。或许，不仅遇难乘客想不到，就连许多专家也没想到，这艘被法国船社评定为安全系数95%、被瑞典专家认定为"性能可靠"、在事发20分钟前底舱绿灯还显示为一切正常的超级巨轮，竟会遭此不测。

如今，哈尔斯泰特已是瑞典议会议员，回顾这段往事，他颇为沉痛地说："'爱沙尼亚'号的沉没，许多乘客根本始料不及，他们惊呆了，思维陷入呆滞状态，做不出任何反应，结果导致了绝大部分人丧生。"

记者问哈尔斯泰特："你是如何保持冷静的？"他说了一段发人深省的话："一定的常识和生存技巧可以帮助你消除恐惧，从而让大脑做出恰当的判断。遗憾的是，一般人平时都认为学习这些东西是浪费时间，他们不认为灾难有一天会降临到自己头上，其实灾难是人类生存环境的一部分，每个人都或多或少地会遇到这样那样的灾难。"

灾难是生活的一部分。平时的消防训练，你认真参加了吗？课堂上的抗震防震知识，你用心学习了吗？飞机上的空中安全知识卡，你仔细阅读了吗？一旦可怕的灾难发生，这些我们自以为一辈子都用不到的程序和常识，却能在最危急的关头，帮助我们的大脑制定出逃生计划，而不是一味地哭天喊地、惊慌失措或坐以待毙。每个人都要有这种意识，就像哈尔斯泰特所言：大难不死不仅仅取决于运气，更取决于你的思想准备和精神状态，通过冷静对待，不懈努力，就可以增加逃生的可能性。

灾难是生活的一部分，这不是叫你杞人忧天，而是告诉你要防患于未然。毕竟生命是最宝贵的，平时树立这种意识，当灾难真的来临时，或许就因为你多掌握了一点儿常识，多了一份冷静，从而成为幸存者。

## 与你共品

灾难是生活的一部分，面对灾难，与其亡羊补牢不如防患于未然。生命只有一次，我们没有机会拿生命做赌注，试试我们有没有运气逃过这一劫。所以，在灾难来临之前，请储备知识，让知识帮你在万分危急之时迅速出谋划策；请储备能量，它会让你有能力逃出来；请储备信念，顽强的生命会坚持到最后。

这些储备，有可能一辈子都用不上，但用一次，就是让你重生。机会总是留给有准备的人，这一句话，在灾难来临之时特别适用。

第二章

# 失败也是一所成功的学校——感悟挫折

## 一个人的博弈

英 涛

他仿佛注定要做个茕茕孑立的独行者。

孤独的征兆从他 18 岁当兵就开始了：他一入伍就被分配到一个只有他一个人站岗的孤岛。

除了定期开来的补给船，每日里和他做伴的只有自己的影子和天空中飞过的海鸟。

这样的日子他居然乐呵呵地过了 3 年。慢慢地，他从班长、排长一路干到了团长。突然，一个意外又把他卷进了众叛亲离的绝境。妻子丢下孩子和他离了婚，他离开了部队。

后来，他找到了一份在深山老林当护林员的工作。这是一份更加孤独的工作，他经常从这座山爬到那座山也看不到一个人。

但这些都不算什么，更沉重的打击还在后面——他放在山下村子里读书的儿子，溺水死了。从此，他对山外似乎再也没有了牵挂。而山外的人们，也都不记得山里还有这样一个人，他在一年一年中孤独地老去。

20年后，一辆从省城开来的电视采访车忽然开进了这座深山。原来，这20年里，他在看护林子的同时，为了解闷，读了许多有关动植物学的书籍，平时在林子里走来走去的时候，他也注意时常对照书上的图谱观察、研究。就在几个月前，他发现了一种国内外从未有过记载的珍稀植物。他把这种植物的照片和自己写的说明托人寄给朋友，朋友把它寄到一家国外的权威专业杂志，竟然发表了。

了解了他的人生经历后，让记者惊叹并深受震撼的不是老人的重大发现，而是他有这么坎坷而孤独的大半人生。过着这样寂寞得扔块石头都听不见回响的日子，可是他说话时的神情却一直是鲜活、生动甚至快乐的。

于是，记者问他："您为什么能一直保持这样乐观的心态？您让自己快乐的秘诀是什么？"

他想了想，说："要说秘诀，也许只有一个——我总是自己跟自己下围棋，白棋是我，黑棋也是我。这样，不管是白棋赢了，还是黑棋赢了，赢家都是我。"

听者无不沉思、点头。不错，只要你坚信自己就是胜利者，别人，甚至命运，都无法否定你。给你胜利的，是你自己的理想、信念和毅力。

## 与你共品

人生最大的对手是谁？是自己。人生的博弈，就是自己对自己的一场没有硝烟的战争，如果你的乐观战胜了你的悲观，如果你的勤奋战胜了你的懒惰，如果你的坚强战胜了你的懦弱，如果你的自信战胜了你的自卑，那么，你就是赢家。

当然，理想的实现还须有宁静致远的心境。大千世界，诱惑很多，"非淡泊无以明志，非宁静无以致远。"这份宁静的心态会让你真正潜下心来为自己的梦想蓄势，也会让你心中的信念更加执着。风雨前行，坦然面对，终有一天，你会收获满满。

# 重修你的命运

矫友田

应朋友邀请，一起去"三盛楼"吃饭。只是一盘海鲜锅贴、两屉灌汤包，外加几碟乡土小菜，便让我喜欢上了这家老店铺。

闲聊的时候，朋友还跟我讲了一段关于"三盛楼"的充满传奇和哲理的故事，令人倍觉感动和振奋。

过去，有一个年轻人跟几个亲戚合伙做棉花生意。结果，他们第一次外出购货，就遭遇了数十年不遇的暴雨，数千斤棉花被沤在库房里霉烂了，损失惨重。当他黯然地返回家乡后不久，父亲经营的饭铺意外遭遇大火，被烧成了一堆瓦砾。从此，他的家境一贫如洗。他的父母则因为悲伤过度，先后病故。

后来，他在集市上请一个算命先生为自己占卜一下前程。结果，算命先生告诉他，命数注定，他一辈子都不会有发迹之日。

从此，他彻底失望了，什么事情也不再去想，什么事情也不想去做，只靠亲戚和一些好心邻居的接济勉强度日。

终于有一天，他厌倦了这个世界，便独自来到河边欲跳河轻生。结果被两个路人救了起来。路人问他为何轻生，他就将自己命运的不幸告诉了那两个路人。其中一个路人便劝他到湛山寺去拜求惠明禅师，请他帮助指点一下迷津。

他心怀一线希望，到湛山寺去拜求惠明禅师。他又将自己命运的不幸对惠明禅师倾诉了一遍，然后问道："命数可以逃避吗？"

惠明禅师微捻苍髯，笑着说："命，是由你自己做成的。你做了善事，命就好了；你做了恶事，命就不好了。那你此前做过恶事吗？"

他摇了摇头。

惠明禅师仍笑着说："那么，从现在开始，就重修你的命运吧。"

他有些迷惑地问："师父，命运真可以重修吗？"

惠明禅师没有回答，却从几案的瓷盘里摘下一粒葡萄攥在手里，而后问道："你能告诉老衲，这一粒葡萄是完整的还是破碎的呢？"

他思考了一会儿说："如果我告诉您它是完整的，您一用力它就会变成破碎的了。"

听了，惠明禅师朗声笑了起来，然后说："命运就像这粒葡萄一样，就在你的手中啊！"

那个年轻人终于悟出了惠明禅师的心思，他重新振作起来。他操起父亲生前的生意，先是在街市上摆了一个小吃摊，生意一点一点做大。

后来，他就成了"三盛楼"的首任掌柜。

命运是非常奇怪的，它有着不可预测的复杂性。在许多时候，成功和挫折会交替出现。我们可以知命，但却不能任由命运来摆布，更不能因为遭遇一次或几次不幸和挫折，就随波逐流，将自己打入永世不能翻身的精神"牢狱"。

命运不是固定不变的，命从心生，运由心转。人生事业成败的关键，不在命运，不在风水，而是在你自己的手中！

## 与你共品

我们往往在感叹，命不好，运气不佳，可殊不知，命从心生，运由心转，命运掌握在自己手中。

上帝是公平的，他在给你关上一扇门的时候，也会为你打开一扇窗。所以不要在失意的时候彷徨绝望，失意不是尽头，而是新的开始。失意时的退缩是为自己找的借口，那可能是你暂时的避难所，但却也是你人生前进的终点。与命运抗争，争取主动权，扼住命运的咽喉，向自己的梦想出发，当你站在人生的领奖台的时候，上帝也会对你笑的。

# 地下8日

张小失

矿井塌方的第8天，人们终于找到了那个挖煤工，他是7名被困者中唯一生还的，而他当时的处境又是最艰难的——他一个人被堵在一条废坑道里。

当他被蒙着眼睛抬出来时，第一句话就是："真亮啊！真热啊！"他虚弱地与别人握手，说："这世界还在。"

其实他并不知道自己在矿井里待了多少天，他后来回忆说，当时发现塌方，心中十分慌乱、绝望，但他很快控制住情绪，安慰自己说：不要紧，上面肯定要派人救助。正好那天他很累，就躺在木板上睡觉。醒来后，他就在坑道里来回走动，仔细听有没有外面传来的声音。

这样的情形不知过了多久，除了水滴声，坑道里静得像坟墓。他毫无办法，就唱歌自娱，学明星在舞台上喊："左边的朋友，来一点儿掌声；右边的朋友，来一点儿掌声。下面我给大家献上一曲《××××》。"然后他就笑，觉得怪好玩的。唱累了，他又躺到木板上睡觉，幻想着他喜欢的一切、爱吃的食物，希望能在梦中看见这些。

再次醒来时，他又竖起耳朵听，渐渐地，一些他盼望中的声音出现了，他喜悦地向发出声音的地方跑去，大喊大叫，希望引起注意。但是，这些声音有点儿怪：只要他想念什么声音，那声音很快就能"出现"。他开始怀疑自己是在"幻听"。这是没用的，只有感觉到震动，看见洞口，才能确信救援到达。他安慰自己要耐心等待。于是，"个人演唱会"再次举办。

时而恐惧，时而平静，时而绝望，时而欣慰……他一直在与自己的内心作斗争。为了控制住自己，他想方设法，除了唱歌、讲故事、幻想美好事物，他还坚持在坑道里玩射击游戏——将一片木板插在壁上，然后在黑暗中向它扔煤块，如果听到"啪"的一声，就是打中了。他规定自己：只有打中一百次才允许睡觉。

他不知道多长时间没吃饭了，口袋里那块巴掌大的锅巴成了精神寄托，他每次都是数着米粒吃它，目前已经吃了370粒。他在回忆时说：坑道里有水，口袋里有锅巴，更重要的是，我坚信人们会来救我，我决不能害怕，决不能发疯，决不能自杀，我一定要控制住自己……

他是在梦中听见响动的，然后他就看见洞口射进的刺目的光芒。他紧紧捂住眼睛，但仍然感觉光是那么强。当他确信自己得救时，一下就瘫软了……

一个记者朋友亲历了这次救援，但地底下的这些"无聊细节"他没有写出来。我深为这名挖煤工感动：仅有外界的救助是不够的，重要的还有他的自救。他无法控制灾难，但他能控制自己。某种意义上看，人是通过控制自己，才控制了他的整个世界。

## 与你共品

当一个人被困矿井七八天的时候，谁能救你？自己，只有自己才能救自己。

梭罗曾说："要想有一面牢不可破的盾牌，就要站立在自我之中。"苦难中，别人的帮助也许可以让他们较快地逃离困境，但人生还有无数的困境仍在不远的前方等着，他们一旦失去外界的援助，大多数会在困境中不能自拔，甚至自甘堕落。所以，我们唯有自救才有出路，只有奋勇向上，才是强者的风范；只有自强不息，才是勇士的姿态；只有自我激励，才是智者的选择。我们没有救命稻草，能救我们自己的，只有自己。

# 活给自己看

羽 毛

16岁时，她是个身材修长的漂亮姑娘，而且成绩优异，班主任常常对她说："你的一只脚已经踏进北大的校门了！"

突然有一天，她瘫在床上起不来了。她患了一种名叫"强直性脊柱炎"的疾病，必须躺在床上，除了双手可以动，双腿变成了摆设。所有的梦想，都一刹那间被轰毁。

活着有什么意思呢？徒然增加他人的负担。她频繁地冲父母发脾气，吃饭的时候把碗摔掉，撕扯着自己的头发，安静一小会儿突然又痛哭流涕……在黑沉沉的夜里，她割腕自杀过，又被父母救了回来。

缠绵病榻几年之后，她的病情有了好转，渐渐能起身活动，但因胸椎严重弯曲，她变成了一个佝偻的驼背。从此，她不再照镜子，也不肯出门，怕在别人的眼中看到丑陋的自己。

那天，久违的女友来看她，劝她振作精神，从头再来。她沮丧地说："等我好了再说吧。"女友反问："如果一辈子驼背，你就一辈子不出门？你是活给自己看还是活给别人看？"

她哭了。女友走后，她起身扶着椅子，慢慢走到镜子前，第一次认真审视自己。面目是灰暗的，身躯是弯曲的，对一个花季少女，情何以堪呢？就仿佛一颗梦想饱满的花苞，正待盛开，却忽然凋零了枝叶。在万花丛中茫然四顾，她怎会不感到自卑和绝望？

但，根还在，生命还在，她必须重新抽枝发叶，开始另一种生活。忽略掉所有歧视的眼光，专程活给自己看。

她打开衣柜，挑选衣裳。衣裳都不太合身，穿在几乎 90度弯曲的脊梁上，更谈不上漂亮。但是，她勇敢地打扮一番，在闭门 8 年之后，第一次走出家门。

路人的目光如同探照灯一样，仍然让她浑身不自在。更可气的是那些孩子，边追边嚷：看罗锅啊，驼背啊！她内心的勇气渐渐溃退，仓皇"逃窜"回家，大哭一场。

第二天，她红肿着眼睛照样出门。第三天，她昂起了头。第四天，她开始对好奇者施以微笑……有一次，她路过一群无所事事的少年身边，他们指着她窃窃私语，其中一个还高声笑道："嗨，长成这样就待在家里得啦！"

她脸色有些发红，停住，缓缓转身，走到那个少年面前。然后，她冷冷盯着他看，眼神平静从容。对方起初惊愕，后来被看得面红耳赤，逃之夭夭。看着对方的背影，她在蓝天下哈哈大笑，笑出了眼泪——

命运就如同这个爱捉弄人的少年，只有淡定直面，才能让它臣服啊！

有了生活的勇气，她开始文学创作，以此为匕首，割破生活的囚笼：

"上天安排我和别人不一样，莫不是让我更多体会人生的温情？将我狂妄的心磨去棱角，让我更为虔诚地对待生活，珍惜每一次日升日落……"

不久，她就在当地报刊发表了《一人有一个梦想》，又陆续写出了《父爱如山》等优美散文。写作之余，她还报名参加了汉语言文学的专科自考，并顺利通过每门考试。

28 岁那年，最疼爱她的母亲突发疾病去世，让她悲痛不已。葬礼过后，亲戚们劝她，趁年轻嫁掉，别再挑剔对象。她却决定出门闯荡，在当晚的日记里写道："人不能老是潜在水底，只有浮上去，才能发现自己闪光的鳞片……我要让青春在苦涩的盐碱地上也盛开出花朵。"

终于，凭借自考文凭和发表过的百余篇文章，她被河南某职业技术学院聘用，成为一名图书管理员。她从来不喜欢额外的照顾，因为这可能意味着额外的看低，所以她工作得比别人更努力，将图书馆的每个角落，都擦得纤尘不染，亮亮堂堂。

当年她赢得了学院的"特别贡献奖"，拿到 800 元奖金。左思右想，她买了个电子词典，还挑了个傻瓜照相机，订了车票去北京旅行。

外人笑问："你也爱照相呢？"她坚定地回答："我同样爱美，想留住青春啊！"

在天安门、王府井留影，身躯半弓、脊背隆起的她总穿着粉色的可爱外套，黑发溜滑水光，头颅高高昂起。还是有路人指指点点的，她才不在乎那些浅薄的人呢。她看着自己的像册，觉得有别样的美丽。

凭借发表过的 20 多万字的诗歌、散文、小说，她被河南省作家协会正式接纳为会员，并幸运地进入北京一家文学杂志社工作。

一度凋败的花瓣，以及它所带来的世俗嘲讽，并不能损害她的幸福——她爱自己，接受自己，就像太阳接受阴影，月光接受黑暗一样。

## 与你共品

活给自己看，比活给别人看更坦诚，不必在乎别人的眼光，不必在乎别人的话语，哪怕你有天生的缺陷，哪怕周围的人都抛弃了你，你也要把自己大胆地亮出来，也要把快乐的钥匙掌握在自己的手心。

自己给自己一份自信，告诉自己我能行，微笑着面对扑面而来的灾难，挺过去，你就更坚强。当脆弱卑微的你活给自己看的时候，你会尽最大的努力展示你的美，自己这一关过了，你就会赢得别人更多的关注，更多的肯定。

# 另一种珍爱

乔叶

学会爱自己，是源于对生命本身的崇尚和珍重。它可以让我们的生命更为丰满、更为健康，让我们的灵魂更为自由、更为强壮。

曾读过一篇小说《绿墨水》，讲一位慈父为使女儿有勇气面对生活而借她同班男生的名义给她写匿名求爱信的故事。感动之余我忽然想到：人真是太脆弱了，似乎总是需要通过别人的语言和感情才能肯定自己、热爱自己。如果有一天没有一个人去关怀你、爱护你、倾听你、鼓励你——人生中必定会有这样的时刻，那时你怎么办呢？

我深深记着一位老音乐家辛酸的轶事。他曾被下放到农村为牲口铡了整整 7 年的草。等他平反回来，人们惊奇地发现他并没有憔悴衰老。他笑道："怎么会老呢，每天铡草我都是按 4/4 拍铡的。"为此，我爱上了这位并不是著名的音乐家和他的作品，他懂得怎样拯救自己和爱自己。

我同样深深地记着另一位音乐家——杰出的女钢琴家顾圣婴。我不止一次为她的自杀扼腕叹息。我知道她不是不爱自己，而是太爱——爱到了溺爱的程度。音乐使她飘逸、空灵、清丽、秀美，可当美好的东西被践踏的时候，她便毁灭了自己。

为什么不学会爱自己呢？

学会爱自己，不是让我们自我姑息，自我放纵，而是要我们学会勤于律己和矫正自己。这一生总有许多时候没有人督促我们、指导我们、告诫我们、叮咛我们，即使是最亲爱的父母和最真诚的朋友也不会永远伴随我们。我们拥有的关怀和爱抚都有随时失去的可能。这时候我们必须学会为自己修枝、打杈、寻水、培肥，使自己不会沉沦为一棵枯荣随风的草，而成长为一株笔直葱茏的树。

学会爱自己，不是让我们虐待自己、苛求自己，而是让我们在最痛楚无助、最孤立无援的时候，在必须独自穿行黑洞的雨夜，没有星光也没有月华的时候，在我们独立支撑着人生的苦难、没有一个人能为我们分担的时候——我们要学会自己送自己一枝鲜花，自己给自己画一道海岸线，自己给自己一个明媚的笑容。然后，怀着美好的向往和吉祥的愿望活下去，坚韧地走过一个又一个鸟声如洗的清晨。也许有人会说这是一种自我欺骗，可是如果这种短暂的欺骗能获得长久的真实的幸福，自我欺骗一下又有什么不好呢？

学会爱自己，这不是一种羞耻，而是一种光荣。因为这并非出于一种夜郎自大的无知和狭隘，而是源于对生命本身的崇尚和珍重。这可以让我们的生命更为丰满、更为健康，也可以让我们的灵魂更为自由、更为强壮。可以让我们在无房可居的时候，亲手去砌砖叠瓦，建造出我们自己的宫殿，成为自己精神家园的主人。

学会爱自己，才会真正懂得爱这个世界。

## 与你共品

学会珍爱自己，才会珍爱生活，才会珍惜拥有，眼前的一切才会变得绚烂多姿。我们要用健康且珍惜的目光善待自己的生命，用自己的热情去维护、浇灌自己的生命之花，不要因生活中小小的不如意而私下扭曲生命，更不能轻言放弃生命。珍爱自己，你会发现，自己会变得宽容和豁达，变得善良和从容；懂得了爱自己，然后就会去爱别人，爱整个世界。

每天多一点儿爱自己，爱自己，是源于对生命本身的崇尚和珍重；爱自己，可以让我们的生命更为丰满、更为健康；爱自己，可以让我们的灵魂更为自由、更为强壮。

## 把信念的种子耐心珍藏

黄小平

### 一

在英国伦敦，有一片古老的建筑，这些建筑大多都是在古罗马人沿着泰晤士河进攻英国的时候建造的。为了开辟新的街道，英国政府拆除了这些陈旧的楼房。由于种种原因而久久未能开工，人们发现，在这片废墟上竟长出了野花。令人惊奇的是，其中一些野花在英国从来没有发现过。后来，经自然科学家考证，这些野花的种子多半是那个时候古罗马人带到这里的，它们被压在沉重的石头砖瓦之下，一年又一年丧失了生长发芽的机会。

人，也有怀才不遇的时候，也有受压制、被埋没的时候，但如果因一时埋没而放弃心中的信念，那生命就会成为一具空壳，永远开不出希望的花朵。

无论人生的前景多么黯淡，哪怕看不到一丝亮光，也要把信念的种子耐心珍藏。相信吧，总有那么一天，总有那么一缕机遇的阳光亲吻你的额头，就像那埋没千年的种子仍能等来美丽的开放。

## 二

一位名叫娜塔莉的南非少女，1998 年在马来西亚举行的英联邦运动会上，刚 14 岁的她就进入了女子 800 米自由泳决赛，次年，又杀入了太平洋运动会的 800 米自由泳决赛。正当这颗前途无量的游泳新星冉冉升起的时候，一场车祸却险些彻底断送她的游泳生涯。从医院出来的时候，她那条轻盈有力的左腿不见了，代替的是一个钛合金的圆盘。正当人们为一颗希望之星不幸陨落而惋惜时，娜塔莉却开始了连父母都想不到的行动——还没有等恢复到可以走路，她就已经在游泳池中劈波斩浪了。

2003 年，在非洲运动会女子 800 米自由泳决赛中，娜塔莉以 9 分 9 秒 66 的成绩获得了冠军。

一位残疾人，为什么能夺得全非洲正常人级别的游泳大赛冠军呢？当记者采访娜塔莉时，她回答说："人生的悲剧并不是你设立了目标而没有达到，而是你没有可以设立的目标。"

不管人生遭遇了多少挫折和不幸，只要心中还有目标，人生就会有希望。

三

爱迪生在研制白炽灯泡时，为了证明一种高效率的灯丝材料，做了1200次实验，都没有得到满意的结果。一个愚昧的人取笑他说："你已经失败了1200次。""不，"爱迪生反驳道，"我证明了1200种材料不适合做灯丝，这正是一个伟大的成就。"

为寻找灯丝材料，爱迪生实验了1200次，但仍不气馁，他把1200次失败的实验，当成了1200次成功的证明——证明了1200种材料不适合做灯丝。

其实，人生的每一次失败，都是一次成功的证明：帮你证明哪一类学科你不擅长、哪一门手艺你不适合、哪一个领域你不在行，从而为你找到一条成功之路，缩短了时间和距离。

## 与你共品

在当今这个浮华的社会里，信念是一种需要，它会激励人按照自己认为正确的观点、原则去行动，它是实现梦想的一种强大的内在力量。有了信念的指引，有了理想的召唤，一路上，哪怕再苦再累，都有精神的寄托与前进的力量。信念之于人生，犹如羽翼之于飞鸟，有了信念，才能飞得更高，才能无往不胜，才能愈挫愈勇。

泰戈尔说："信念是鸟，它在黎明仍然黑暗之际，感觉到了光明，唱出了歌。"请把信念的种子耐心珍藏，终有一天，信念在废墟上都能开出绚烂的花。

第三章

# 世上没有逾越不了的坎——挑战挫折

## 一脚踹出来的钢琴家

英涛

1988 年，中国大地正涌动着"出国潮"，孔祥东就在这个潮流最猛的时候到美国留学了。而此时的他虽然年纪轻轻，却已不是泛泛之辈：他曾获得 1985 年全国钢琴比赛第一名、1986 年莫斯科钢琴比赛铜牌奖和 1987 年西班牙钢琴比赛第四名。

孔祥东出国是想拼搏奋斗一下。到了美国的孔祥东参加了很多比赛，虽然大部分时候都争不到第一名，却反而对他产生了震动，促使他决心要更加努力练琴，奋斗出来。终于在到美国的第四个月，刚刚 19 岁的他获得了一个国际大奖。之后他在美国参加了近百场音乐会，跑过了近 20 个国家。

钢琴音乐家，听起来高雅动听，其实很苦。孔祥东说，有一位澳大利亚人在澳大利亚参加钢琴比赛时，因为竞争环境不是太好，他在演了5场之后，就因为觉得这里条件不好而放弃了比赛，离开了赛场。确实，参加钢琴比赛是一件很苦的事，每一场钢琴比赛之前的两个星期都会神经高度紧张，而比赛结束后还要持续近一个月的巩固练习，有些人最后没有坚持下来，其实并不是他们的先天素质不好，而是因为信念不坚定。孔祥东说："因此我认为，不管在哪里，你都首先是一个人，然后才是一个音乐家，很多时候你要懂得战胜自己。"

话是这么说，但这个道理孔祥东也不是一开始就懂的。

孔祥东5岁开始练琴。13岁时，父母离异，家境每况愈下，多亏了恩师范大雷，才让失去父爱的他体会到了一点儿温暖。每到寒暑假的时候，他就在范大雷10平方米的宿舍里学琴，冬天就挤在一张单人床上睡。范大雷琴弹得相当不错，但就是心理素质不够强，没有足够的自信心导致他总是很怯场。正是因为自己的这个弱点，所以范大雷在收下孔祥东这个学生后，很快就敏锐地看出了孔祥东在心理素质方面的脆弱，并且指出来，协助他转变调整。

17岁那年，孔祥东第一次去苏联参加国际钢琴大赛。当时参加这个比赛的人大都是大哥大姐，年龄在16~32岁之间，虽然年龄不占优势，但他很清楚地明白这是自己人生的一个转折点，一定要好好把握这个机会。因此他发疯似的练习，每天的练习时间都在12~14小时之间。老师也经常半夜起来抽查。比赛前，非常紧张的他不得不吃了两片安眠药，结果他吃了不但没有睡着，反而更加兴奋。

比赛的日子到了。孔祥东觉得那个舞台特别特别的大，简直大得没有边际，要走到舞台的中间，仿佛要走上许多许多的路。望着这个广阔的舞台，他的双腿发软，几乎站不起来。终于在煎熬中还是开赛了，他听到一个苏联老太太在喊"中国"，可一想到那个巨大的舞台，还有下面坐得满满的观众和 21 个评委，他就心发虚，在后台磨蹭着，怎么也不肯上台。恨不得能逃跑的他对老师范大雷说："我想上厕所。"老师一听，虎着脸，什么话也不说，照着他的屁股就踹了一脚。孔祥东一怔之后，突然觉得心安定了许多，他对老师说："感觉挺好，再来一脚。"范大雷就对着他又踹了一脚。孔祥东就这么被踢进赛场，并且最终得到了金奖，从此走向了国际舞台。

现在的孔祥东已经是当今国际乐坛公认的真正能激动人心的天才艺术家。每当有人问他，成为音乐家的基本要求是什么？他总是说，要看背后有没有一只踹你的脚。

是老师从背后踹来的一脚，让孔祥东在关键时刻镇定了下来。很多时候，成功并不是看你有多少技巧，而是看你有没有一颗镇定的心和坚定的信念。如果时时刻刻都感觉到背后有一只脚让你再也没有退路，全力以赴，勇敢向前，你肯定没有闯不过去的坎儿。

## 与你共品

在当今这个物欲横流的社会里，很多人以一颗浮躁的心东瞅瞅西看看，就像头顶的云，漂浮不定，不知道自己的路在何方。这时候，特别需要一颗镇定的心和坚定的信念，最好，在你的背后，有一脚踹过来，让你没有退路。

这背后的一脚，让你在难以抉择的时候镇定下来，清醒地知道你要什么。这背后的一脚，把你推到前沿，只能拿出最好的成绩，勇敢地走下去，你的眼里只会有前方。这背后的一脚，有点儿痛，但这一脚踹过来，可能会让你越过那道曾经让你怯懦的心障。

# 小黄花的春天

张小失

1992年我上高三复习班，当年冬天，我听说班上有个叫陈列的同学离家出走了。这个消息传到学校，令大家十分震惊。其实我们并不太了解他，因为都是"复读生"，临时组成的一个班级，在那种灰暗的心境下，没有多少交往的兴致。当时，班主任神情凝重地站在讲台上，就此事对我们只说了一句话："他还会回来的，你们别管他任何事情，包括安慰。"

约一周后，陈列默默地出现在教室门口。他穿着崭新的衣服，很平静地走到自己的座位上，放下书包。我瞅着他的背影，阵阵悲哀袭上心头——那是一种同病相怜的沉重感。我发现，大家都遵照班主任的嘱咐，表现得像往常一样，没有谁"关注"他，就像没发生过什么事情。随着时间的流逝，关于"出走风波"也就渐渐淡化了。

次年的高考过后，我很关注陈列的命运。后来得知，他的分数仍然不够，这真让我为他捏着一把汗。暑假的一天下午，我偶然在街头遇见他，非常惊讶地发现：他穿着短裤、汗衫，胳膊下夹着一只足球！

他也看见我了，也许不知道我的姓名，但认出我是复读班的同学，竟向我点头笑笑，招呼一声："忙啦？"我上前拍拍他的足球，道："新球？在哪里买的？"从那以后，我内心就不再"关注"他了，因为他的确很轻松，很快乐。

1994年，陈列的高考分数终于达线。与他被同一所大学录取的还有我们的同学阿肥，下面的故事是阿肥后来转述的——

那年，陈列出走被家里人找回来后，到第三天，情绪稍稍好转。当时的班主任独自去看望他，他正躺在床上。

班主任支开"多余的人"，关上门，笑眯眯地在床头坐下，单刀直入："你可真有勇气啊，不好好上课，倒要离家出走，令我费解……"陈列被打了个"措手不及"，愣愣地望着班主任，"扑哧"一声笑了，泪水却缓缓流了下来。

班主任叹了口气，又说："人这一生啊，到30才算而立，你还年轻着呢，急个什么哟？"

陈列不知道班主任究竟是玩幽默还是认真的，就问了句："陈老师，这事其他人是怎么议论的？"

班主任装着意外的样子："我才刚刚得到消息。同学们都不知道，否则，他们再忙也会来看你的。我说，这件事就不提了，你也别老是休养了，抓紧时间回校复习吧。"

第六天，陈列上学来了。在这之前，班主任对他母亲说："再让我单独和他散散步。我和他之间还不十分熟悉，也许会有新鲜话题可聊。"父母很信任班主任，拉着他的手久久不松开，一切似乎都托付给班主任了。

班主任带着陈列，慢慢走向郊区的一片厂房。那里的墙脚有一排空调机，整天运转。冬天的城郊行人稀少，挺安静的。老远，班主任就指着一台空调机下面说："你看见什么了吗？"陈列瞅了半晌，嘀咕道："好像有一片黄布丁。"班主任哈哈笑了："我敢打赌，不走近，你一辈子都猜不出来那是什么！"

陈列来了兴致，匆匆上前，哇——竟然是一朵小黄花！它应该代表春天的风景啊！此刻，它孤独地伸展在水泥墙壁边，摇曳在钢铁制造的空调机下，那么单纯，那么幼稚，那么弱小，那么无助——可同时，它又显得那么宁静，那么安详，那么满足，那么自信。这个冬天于它而言，可不就是春天？而它本身就是春天！它娇弱的身躯里蕴涵着一种颠覆性力量，面对无边的冬季，体现着骄傲的、自豪的生命意志！

班主任说："是的，我每天上班骑车经过这里，都要瞅它一眼——在这么寒冷的冬天，我开始也不敢承认，但，这的确是一朵野黄花。"

陈列蹲下身，仔细打量花朵，抚摸它，久久无语。班主任说："空调机下面一直是热的，这朵花误以为春天来了，于是，它开放了。"

在严酷的寒冬，只要给它一点儿热，它就给我们以春天。它那小小的花盘面向天空，面向被云彩遮蔽的朦胧的太阳。那一片小小的黄色，此刻是那么灿烂，那么夺目！我们似乎可以听见生命的呼啸！它那娇弱的躯干，以沉默的方式向世界宣布：我挺立着！

陈列的泪水默然滑落。班主任拍拍他的肩膀："一朵没有复杂思维的花儿，都能在寒冷的冬天看到自己的春天，何况人呢？"

故事听到这里，我的嗓子像被堵住一样，眼圈热热的。我想起雪莱的诗句："冬天来了，春天还会远吗？"但是，雪莱是清醒的，而花没有他那样的理性，它不想被动地等待，而是直接付诸行动！你能说，那个冬天不是那朵小黄花的春天吗？它招摇的身姿已经改变了那个冬天的意义，温暖了我同学的整个心灵。

## 与你共品

冬天来了，春天还会远吗？雪莱的这一句呐喊，让我们知道：即使身处绝境，也要看到人生春天的希望。

无论在什么情况下都不要对自己说放弃，要有必胜的信念，信念是一个人不倒的脊梁，支撑着你再次站起，鼓励你踏平坎坷向前走，磨炼你非凡的意志，成就你别样的人生。信念是茫茫夜色中的一盏明灯，指引你寻找梦的方向，告诉你生活还有意义。信念是水滴石穿一样的坚持，信念是不达目的不罢休的干劲。没有了信念，就会在前进中迷失自己，生活将陷入一塌糊涂的境地。以人生作纸，用信念作笔，描绘美好人生。

# 心中有一台发动机

张小石

战争开始后，年轻的音乐家失业了。他与他的伙伴们各奔东西，只为保命。

城市一个一个地沦陷，音乐家总是在不停地搬家、搬家。战争的阴影始终笼罩在人们头上，经济一片萧条，通货膨胀日趋严重。音乐家数年积累的钱已经用光，而如今又没有人能闲下来欣赏他的艺术，更不会给他报酬，音乐家成了个要饭的。

但是，战争开始的三年来，音乐家一直没有忘记自己的身份，他随身带的小提琴总是在清晨和黄昏的时候响起来，险恶的环境中，他还能每天陶醉两回，这是非常奢侈的幸福。

第四年春天，在街头的突发性战斗中，音乐家躲避不及，被一颗流弹射中胳膊。他落荒而逃，背着小提琴流浪乡下。那里，他遇到多年前的一个朋友，朋友带他看医生，给他提供简陋的住宿和有限的食物。

半年后，胳膊终于康复了，音乐家又能拿琴，但演奏的时候，胳膊有些僵硬，找不到以前的美好感觉。他很伤心，很惶恐，音乐是他的生命，而他必须是个音乐家。于是，他逃离乡村，到城里寻找更好的医生，想治好胳膊。

不幸的是，音乐家被敌人抓获，当作间谍被关进牢房。小提琴被没收了，敌人砸开它看里面有没有"情报"。提审的时候，音乐家要求归还小提琴，敌人指着墙角的一堆烂木片哈哈大笑。

敌人无法判他的罪，也不放他出去，从此，音乐家陷入无边的黑暗。他整天待在牢房里，不知道外面的世界怎么样了。自由无望，音乐家竭力平静下来，决定安于这种生活。他每天面对墙壁，像看着乐谱；然后支起左臂，像拿着一把小提琴；再抬起右手，像在舞台上一样——拉"琴"。

心中的音符隐隐浮现，耳畔的曲调幽幽响起。随着时间的推移，音乐家发现，他重新成为音乐家了！每当他摆出拉琴的姿势，整个牢房似乎成了音乐大厅，他能听见各种乐器交汇的美妙声音。置身于辽阔的音域，他浑然忘却了时间，忘记了世界，忘记了战争。

这么着过了三年，敌人终于败退了……

当幸存的亲戚、朋友们发现音乐家还活着出现在电台时，是多么的惊讶和欣喜！他们找到他，询问他这些年是怎么过来的，因为，曾经与音乐家同台演出过的乐手们，大多不堪生活的坎坷，命运的颠沛流离，早已荒废了艺术，改行做手工或买卖了……

音乐家说：在我手臂面临残废的时候，感谢上帝给了我幻想这个珍贵的礼物，让我面对墙壁，在空气中练"琴"三年。但这一切都来自内心的那台永恒的发动机——对艺术的爱，那是我生命中最真最强的音符。

## 与你共品

音乐家之所以在战火连连的恶劣环境下仍然坚强地活下来，是因为心中有一台永恒的发动机——对艺术的爱。其实，当我们处于困境中的时候，只要心中有挚爱，再苦再难都会熬过去。

心中有挚爱，就有了前进的动力，有了战胜困难的勇气，有了奋勇拼搏的力量。心中的挚爱，那是自己的牵挂，一生都不能割舍，就凭这一个简单的理由，就不会停止奋斗的脚步。司马迁心中有对史学的挚爱，所以才会忍辱负重，完成《史记》的编写；曹雪芹因为有对文学的挚爱，哪怕举家食粥也要完成《红楼梦》的创作。是的，心中有挚爱，就必定会坚强走下去，总有一天，挚爱会开花结果。

# 占了人间一条命

张鸣跃

她叫武红姗，生在洛阳市新安县最穷的郁山沟。

她生下来时就少一只手，左手一直是个骨包。她还患有小儿麻痹症，右腿萎缩够不着地。她爹在她6岁时病故，她娘智力低下。她一天学也没上过，拄着拐放牛放羊。19岁那年又得了个怪病，头疼，天天小疼，大疼则是从几个月发作一次到几十天发作一次，发作起来就跟疯子一样撞墙，一直没钱看。今年2月，她娘得了一场大病也走了。就在全村人都为她发愁时，她锁了窑门，去了洛阳。她是要到洛阳打工的。

她本想找个一只手一条腿能干的活儿，找呀找，没找到。几天后，她选择了擦皮鞋营生。第一天出摊时，一个擦皮鞋的女人教她挣大钱的招，并说和她一起干。她把她在山村里、在家里说过无数次的话又说了一遍："老天爷把一条命交给了我，我一不能死，二不能伸手要饭！"

那天她正在擦皮鞋，突然又犯病了，倒地抽搐，两手抱头，撕心裂肺地惨叫，接着是一下一下碰楼角，鲜血直流！

一旁的同行把她送到了医院。医院检查出两种要命的病：脑瘤，附带抑郁症！别说没钱，就是有钱也治不了！红姗疼劲过去后，就马上又笑笑，对所有人说没事没事，多少年就是这样过来的！她笑得很天真很不在乎，她早就把受这种疼痛当作生命中一件不可避免的事情了，疼过去就是不疼了，不疼就是最大的幸福了！

但犯病越来越频繁，红姗就求几个同行，让她们在她犯病时赶紧送她回她租的小屋里。送了几回，有一个白发白须的老人找到皮鞋摊来了，他是个会针灸推拿的老中医。从此，红姗就每天到老人那里扎一次针。从几根到几十根，再到百余根，老人说他一生也没见过这么能忍痛的女孩。

那天老人边扎针边含泪说："孩子，你这病放谁身上谁都受不了！你知道你还要为这条命忍多大的痛吗？"她笑着说："我得受！人命关天！"老人惊愕，她又笑说："我占了人间一条命，就得负责，就不能丢开这条命不管……"

老人给红姗鞠了个躬！

"占了人间一条命！"这句话足以让一切人、一切书、一切理羞愧俯首——你"占"了人间一条命，你就必须负责到底！

## 与你共品

占了人间的一条命，你就必须负责到底！这铿锵有力的话告诉我们：要对自己的生命负责，无论何种境地，都不要放弃生命的权利。

大千世界，一花一草，都在努力绽放自己的生命精彩，而人的生命只有一次，你，我，都占着人间的一条命，又有什么理由不珍爱生命呢？怎么可以白白地浪费这个生命指标呢？所以，在举目无亲的时候，在无奈无力的时候，在失望彷徨的时候，在灾难来临的时候，在走投无路的时候，都要提醒自己：珍爱生命。

## 躲避是最危险的

罗西

小时候玩捉迷藏，我最拿手，往往"牺牲"得最晚，被小伙伴们视为不"死"的英雄。不是我人小好藏，也不是我有什么慧眼能找到好的庇护点，而是我采用"反跟踪"的策略：即先躲在一个离"敌人"很近的地方，"敌人"经过时，往往不会仔细去查找，等他们过去后，我就"随"他们而走，不紧不慢地跟着他们转，看他们焦急的样子，心里那种兴奋与骄傲，实在是无法形容。

是的，地球生存的本质是展示，而我们这群地球的主人，注定是无法逃避的，只有一个出路永远没错：面对。

曾经跟父亲上山打猎，13 岁的我，还有点儿胆怯。一次，要经过一条小河，我有点儿迟疑，父亲看出了我的心思，冷冷地说："把鞋子脱掉，往对岸扔！"我不知这是什么意思。

但我明白了下一步的行动是：必须下水过河。因为鞋子已在对岸了，你别无退路。

1996 年冬至前几天，父亲突然去世，临终前的几个小时，他只说了一句没头没脑的话："我的鞋子呢？"

也许他已感觉死神的逼近，他没有忘记，给自己穿上鞋子，不是为了逃避，而是去面对。生命的尊严，其中有一点就是体现在这里：坦然地去直面死神。

曾有个仆人，有一天早上在市场上看到死神对他做了一个吓人的手势，他害怕极了，回去告诉主人说：他要借一匹马去另一个叫"萨玛拉"的城市躲一躲。主人答应了。

下午，这个主人在市场上也见到死神，便问："今天早上，你为什么见到我的仆人时做了一个吓人的手势？"

死神说："那不是吓人的手势，反而是我被吓了一跳。因为今天晚上我和他在'萨玛拉'有个约会，他怎么现在还在这里！"

想躲开死神，反而落入死神的魔掌，那可怜的仆人逃不掉。既然逃不掉，为什么要逃？同样是失败或者死亡，"直面"与"趴着"是不一样的。

## 与你共品

鲁迅说：真的勇士，敢于直面惨淡的人生，敢于正视淋漓的鲜血。民间有言曰：逃得了初一，逃不过十五。面对人生路上的种种险境，逃避是最危险的，直面人生才是最好的选择。

人生有起有落，有悲有喜，直面人生，就是要正视人生路上的喜怒哀乐、艰难困苦、天灾人祸，敢于面对生活中的考验，拥有积极向上的生活态度和通达乐观的健康人格。无论什么时候，自己才是自己的救世主，要用勇气去挑战生活，用智慧去赢得生活的美好，只有这样，我们的意志才会坚强，脊梁才会挺直，生命才有力量。

# 活着是一种责任

矫友田

第一次深思"自杀"这两个字，是因为一个与我关系较为熟悉的同学，选择了自杀这条极端的路。她是一个长相文静的女孩，大专毕业之后，应聘进入一家外资企业工作。因为工作表现出色，她被公司提升为财务主管。

就在这个时候，她患上了一种奇怪的头疼症。每天，她都被病痛折磨得神情恍惚，后来不得不住院治疗。两个月之后，当她出院时，却发现自己的工作被另一位同事替代了。另外，与她恋爱的男友因为户口在异地，遭到父母的反对。

那一天下午，她的情绪一定低落到了极点。于是，她趁父母在外工作之际，偷偷喝下了一瓶毒剂。当药力发作之后，她才开始后悔，颤抖着拨打父母公司的电话；而后，她痛苦地往室外爬去。虽然她的父母紧急赶了回来，在邻居的帮助下，将她送入医院抢救，结果还是抢救无效去世。

刚得知她去世的消息时，我久久不敢相信。在这个世上，还有什么比面对死亡需要更大的勇气呢？一个人既然连死亡都不畏惧，生活中的那一点儿坎坷和磨难又算得了什么？

我有一位远房表叔，他曾讲过这么一件事情：他年轻当兵的时候，参加过唐山大地震的抢险工作。

1976 年 7 月 28 日凌晨，唐山 24 万多父老兄弟姐妹在大地震中罹难。表叔所在的部队，于当天下午渡过滦河，抵达古冶火车站，参加抢险救灾工作。

当时，整个灾区被一片恐怖、惊慌和悲痛欲绝的气氛笼罩着。到处是一派残壁断垣、尸体横陈的悲惨景象。由于铁路中断，古冶火车站里有几车皮西瓜尚未运出。又饥又渴的当地居民，得知这个消息后，纷纷涌入火车站，拿西瓜充饥解渴。

此时，一位中年男子，抱着 3 个西瓜，将其中两个放入车筐；另一个用拳头砸开，然后，用血肉模糊的手指抠西瓜瓤吃。而他自行车的后架上，用被子裹着一具尸体，鲜血还在往下滴。

表叔和另外几名战士，强忍住悲痛，上前问："被子里裹着谁呢？"

那男子答："是妻子，准备找块地埋掉她。"

表叔继续问他："家里损失如何？需要我们帮什么忙？"

他强忍着痛苦，始终不让眼泪流出眼眶："父母和妻子都被砸死了，留下我和两个孩子。这两个西瓜是带回去给他们吃的。比我们惨的人家还有。死的已经死了，活着的就要好好活下去。你们快去那片家属院看看，说不定还有活着的——"

一晃，听表叔讲这件事情过去近20年了，但是那个男子最后说的话，至今都在我耳畔回响。

一个人，必须随时准备忍受命运带来的不幸。否则，就永远不敢去希望，去爱。生活时不时地会对一个人变得残酷，甚至许多不幸会接踵而来，譬如疾病的折磨、事业的挫折、亲人的离世、婚姻的失败，等等。

然而，我们更应该懂得，一个人活着，不仅仅是为了自己，肩上还有不可推卸的责任，谁也无权剥夺自己的生命！面对所有的痛苦和不幸，一个人唯有学会坚强，勇敢地面对厄运，像那个经历过莫大悲痛的男子说得那样——"好好活下去！"

## 与你共品

活着是一种责任，不仅仅是对自己负责，还得对自己身边和自己有关系的人负责，谁也没有权力剥夺这种责任。

有时候，也许真的没有路可走了，于是有人选择了自杀，可他们不知道，自杀后的他一了百了，可那些爱他们的人是怎样一种痛彻心扉的绝望？所以，选择自杀是一种极度自私的行为，也是一种不负责任的行为。对生命的漠视源于对生命敬畏感的缺失，只知道以自我为中心。所以，无论何时何地、何种境地，我们都要严守对生命的承诺，好好度过每一天。

## 逆境的副产品

张小石

2005 年春天，我在报纸上看到一则新闻，说一位女出租车司机勇斗劫匪，头部多处受伤；紧接着，电视记者两次采访她，我又在屏幕上看见她头裹白纱布的形象。只是，我不知道她就是 21 年前的英子。

英子是我儿时的邻居兼同学。她当时是个柔弱自卑的女孩，原因可能是她脸上的大面积烫伤疤。我记得每次下课时，别人都在外面玩耍，唯有她待在座位上看书，尽管如此，她的学习成绩还是班里最差的。放学回家路上，我们几个同伴说说笑笑、打打闹闹，英子跟在后面，似乎有意保持一定距离。如果有一天我们欺负她，她决不会反抗的，只是哭，然后回家告诉妈妈。总之，在童年的伙伴中，英子是个可有可无的人。所以，我家搬到城里后，英子很快就飘落在我记忆最偏僻的角落了。

不久前，一位儿时的伙伴来看望我，谈起电视上的英子。我大吃一惊！21年的时空，改变了英子的"本性"？我不知道这其间的差距是如何弥合的。儿时的伙伴说：英子是个苦命的女子。由于学习成绩不好，初中毕业就回家了。父母在一家小厂给她找了工作，她默默地干了6年。后来经人撮合，她嫁给一个小贩，自此，她的人生开始真正进入逆境——婚后第二年，丈夫的一些恶劣品行暴露无遗，其中最显著的是好酒、好赌。那时，英子生了个儿子，难以管教丈夫。丈夫常常整天不回家，也不做生意，不知道他究竟在干啥。1999年的一天夜里，英子正熟睡着，忽然来了几名警察，将她丈夫铐走了。两个月后，丈夫因盗窃罪被判刑，进了监狱。当她从惊恐中恢复后，心里竟然觉得有些轻松。

以后的3年时间，英子先后遭遇了下岗、做生意赔本等苦楚，但这些都没有打倒她。2002年，她考了驾驶执照后，就去帮别人开出租车至今。

我后来重新调阅了英子斗歹徒的新闻资料，有几点细节令我感动——第一，两个歹徒供称：我们太小瞧了那个女司机，通常她们是容易吓唬的；第二，英子说：我怕什么？我每天坚持练举重，铁棍常备在驾驶室；第三，在医院仅仅住了两天，英子就迫不及待地回家去照顾孩子了。

现在，我唯一的解释就是：逆境改变了英子的性格。我不赞美逆境，因为它直接带给人的是痛苦；但如果一个人没有被逆境打倒，那么，逆境还可能会给人一个副产品——坚强。

## 与你共品

俗语说："天有不测风云，人有旦夕祸福。"谁都不能准确地预测我们什么时候遭遇逆境。面对逆境，有人打起了退堂鼓，就此沉沦，可也有人，将苦难视为人生中一笔难得的财富，在承受逆境带来的痛苦的同时，也收获了逆境的副产品——坚强。

在逆境中，往往会无路可走，往往压得人喘不过气来。此时，唯一的出路只有拼搏，斩断荆棘，走出自己的一条路。当你闯过了这一段，你收获的坚强会让你受益终生。坚强会让你坦然面对新的苦难，坚强会给你更韧性的肩膀去承担风雨，坚强会让你收获意想不到的硕果。

# 只要心不死

田野

记得小时候，每年秋天，母亲都要买来很多大葱，放在露天阳台上，平时用一棵就取回一棵。冬天到了，我对母亲说，是不是应该把葱拿回屋里，别冻坏了。母亲说，不怕，冻不坏的。不但冻不坏，来年春天，你把它们栽进土里，还能长出绿叶呢！

我有些不信。普普通通的葱怎么可能这么神奇？

春天来了，我迫不及待地取回一些葱，发现它们已经被冬天的风雪冻得不成样子，瑟缩着身子，似已失去水分，不消说发绿叶，恐怕连吃都不能呢。"妈，你看葱都冻成这样了，还能活得了吗？"母亲微笑着鼓励我栽几棵试试。

半信半疑地，我在一个花盆里栽了几棵"冻葱"。谁想，不到半个月，我发现有的葱竟真的鼓出了绿叶！那绿意中虽带着点儿疲惫的鹅黄，但却充满了新生的活力，令人赏心悦目。

我惊讶地跑去问母亲。"这是怎么回事呢？冻死的葱还能复活？"

母亲说，你把阳台里的葱再拿来几根，剥开葱皮看看。

剥去一层层的葱皮，我惊讶地发现，这些葱虽已冻得瘦弱、干枯，但裹在最里面的葱心，竟依然还是绿的！

"只要心不死，就一定能等来春天！"母亲抬头看了我一眼，淡淡地说。

倏忽间，我一下子想明白了。原来，那些被随意放置在露天阳台里的葱，并没有向冬天的风雪屈服，它们在用尽全身的力气保护着一棵绿色的心灵，顽强地等待着漫长的冬季过去，痴心地等待着生命中的春天来临！

那一刻，我忽然间感觉自己长大了许多。

很多年过去了，我经历了人生的风霜雨雪，不断地遭遇挫折，也不断地破茧重生。虽然磨难重重，但我却从未向命运低过头，而是一直在以积极、乐观的人生态度坦然应对。因为我还一直记得那天母亲对我说过的那句话："只要心不死，就一定能等来春天！"经历风霜雪雨后才发觉，它是那么的意味深长。

## 与你共品

心若在，梦就在。只要心不死，就有成功的可能。放在阳台上的葱，虽饱受风雪之寒，但仍有一颗葱茏的心灵。人也一样，再大的苦，再多的难，只要我们的心不死，一切都有可能。

第四章

# 没有人能够拒绝一颗强韧的心——淡化挫折

## 唐古拉山在前面

罗文海

1996 年，军校临近毕业的时候，学校组织我们下部队实习，我毫不犹豫地选择了上青藏高原。作为一名汽车兵，年轻气盛的我心中有一个梦，那就是与我钦佩的"特别能吃苦，特别能忍耐，特别能战斗"的高原汽车兵们上一趟青藏线，征服一回唐古拉山。因为我在许多书上看到人们都把唐古拉山比喻成"魔鬼""鬼门关"，说那儿的高原反应和恶劣的环境随时都有可能把人打倒，把车掀翻，这更增强了我去征服的欲望。

我如愿到了青藏兵站部汽车三团的九连实习。第一次上青藏线，我被安排坐在了九班长的车上。班长是一个河北人，11 年的老兵了，脸上写满高原的沧桑，头顶上的光秃写满高原的无情，30 岁的人看上去像一个小老头。初次见面我最佩服他能一根接着一根地抽烟，因为我正常走路的时候都有点儿气喘吁吁，感觉空气中氧气含量不够，而他吸进去的空气中还能掺杂大量的尼古丁，他的肺真是"特殊材料"做成的。

一路上，我激动得老是缠着班长问唐古拉山的逸事，班长则耐心地给我讲着一个又一个唐古拉山的传奇故事。

车队在五道梁兵站吃完中饭后，我把照相机再检查了一遍，一上路我就缠着班长让他告诉我什么地方是唐古拉山。因为车队进了昆仑山后，围着险峻尖挺的雪山转来转去，你根本就不知道哪儿是主峰。正如"不识庐山真面目，只缘身在此山中"写的那样。

车外雪花飞扬，狂风肆虐，能见度很低，汽车缓慢地爬着。我非常兴奋地期待着，期待着把自己的青春定格在唐古拉山上。不料，我的头开始有点儿发胀，呼吸感觉有点儿困难，是高原反应光顾我了。班长一边吧嗒着香烟，一边给我讲唐古拉山的故事，讲得眉飞色舞。我知道这是青藏线上汽车兵永远新鲜的话题，但是我没有兴趣听下去了，我不停地问他："唐古拉山到了吗？"班长转过头来，看到了我有气无力的样子，赶忙把烟熄了，递给我氧气袋，笑眯眯地对我说："唐古拉山在前面，还远着呢！"我看了看表说："不对呀！应该到了啊！"班长仍笑呵呵地对我说："我骗你干什么？"

一路上，我仍不停地问班长："唐古拉山到了吗？"班长不停地回答我："唐古拉山在前面，还远着呢！我知道你难得来一趟，到了后，我肯定会停车让你下来看看的。"

不知不觉汽车到了安多兵站，我才知道唐古拉山已经过了，我第一次翻越唐古拉山的壮举就这样结束了。我很恼怒地问班长："你为什么要骗我？"班长一脸坏笑地对我说："我怕过唐古拉山的时候，给你心理上增加负担，使你的高原反应加重。许多人为什么征服不了唐古拉山，很大的原因是因为他们一听到它的魔力，心理上就产生了一种恐惧感，越是知道快靠近它了，那种恐惧感就越强烈，因而还没上去就自己在心理上击倒自己了。"

确实我当时已得了轻微的高原反应，真要是让我知道就快到唐古拉山了，我肯定会很紧张的，那样高原反应就会加重而不可想象。是班长的"骗局"使我一直以为唐古拉山真的还在前面，离我很远，使我仍保持着期待的心态，不知不觉战胜了它。

我心中不由升起一股感激。班长拍拍我的肩膀说："别伤心，回去的时候我一定告诉你。"

后来的生活中，我一直记着班长的那一句话："唐古拉山在前面，还远着呢！"当我遇到一个又一个的困难时，我始终保持着平常的心态去征服它们，因为我认为："唐古拉山在前面，还远着呢！"

## 与你共品

得之坦然，失之淡然，争其必然，顺其自然，这也许是平常心的最高境界了，而在困境面前，拥有一颗平常心尤为重要。

在际遇起伏、生老病死等磨难面前，能保持一颗波澜不惊的心会在无形之中淡化挫折带来的痛苦。减轻了心理上的负担，坦然面对，轻装上阵，会走得更快。这一颗平常心，也会让你去除太多的诱惑，留下生活的本真。会让你在前行中看到希望，告诉自己，事情并没有那么糟，峰回路转的机缘就在某处等候你的光临。

# 没有人能够拒绝一颗强韧的心

张翔

这是一个朋友跟我讲述的他真实的求职经历。

这个朋友起初并不是一个自信的人，他大学学的专业是环保，在他上大学的日子里这个专业已经在时代的浪潮里逐渐退热，以至于他在上大学的那几年里都在焦灼犹豫中度过。在毕业之后，他果然没有找到一个专业对口的工作。于是，他觉得自己只好改行做别的工作，但是这对他这个专科毕业的大学生来说，并不是那么容易的事情。

那一次，他犹豫了很久，终于决定去一家刚入驻这座城市的大型家电集团公司去应聘，这个家电集团公司在全国名声赫赫，在电视广播报纸上随处可见它的广告。他知道这家公司的进驻只是设立一个贸易公司，完全为了占领这片成熟的市场，于是他决定去应聘这个公司的 12 个空缺的区域销售经理。但是当他看到公司销售经理的招聘要求时，他止不住一阵焦灼，那是一种让他熟悉得不能再熟悉的焦灼。因为招聘广告写得很牛气，甚至有些固执的高傲，他们的要求是"名牌大学营销专业本科以上学历，学士以上学位，市场营销经理职业资格证书……"

朋友忽然感觉有些失落与绝望，他仿佛看到一座巨大的铁门挡在路前，他推也推不动，叩也叩不响，于是唯一的选择似乎只有回头改道。就在他决定离开的时候，他听到了围观应聘的人群里传出了一句牢骚，"这么高要求的应聘广告应该贴到北大清华……"他听后一笑，转头进入了公司的应聘现场，他觉得自己可以拼一拼。

当他进入招聘现场的时候，眼前的情形再次让他汗颜了，因为尽管招聘要求如此之高，但是来应聘的人依然不少，他知道里面完全符合应聘要求的人只是那么一部分，但是其中大部分的人依旧手持着各自专业的证书，而相比之下，他的条件依然相差甚远。他排在队伍中间，那种焦灼依旧包围着他。

在招聘办公室里，情况似乎有些热烈，很多人刚进去一分钟，就红着脸走了出来，有的人甚至满脸愤然。他能够清楚地感觉得到里面的情况并不是很妙。就在这时，一个应聘的人摇着头从里面走出来，然后拉起在他前面排队的一个人的手，苦笑说："走，兄弟，这不是我们来的地方……"他仿佛明白了些什么……

招聘的速度似乎不同寻常的快，每一个人似乎都在短短的三两分钟之间就从招聘办公室出来了，有的甚至一分钟都不到。半个多小时之后，应聘的人潮迅速地退却下去，轮到他了。他心中忽然升起一种悲壮的感觉，他挺了挺腰，心想自己或许进去最终的结果也是要扭头离去，但是如果能在里面多待几分钟或许就算成功了。

他在门前看了下表，然后勇敢地踏进了招聘办公室，他看到了里面几个似乎有些极不耐烦的招聘官。他微笑着问候了一下，然后将简历递了上去，招聘官接过简历一看，摇着头递回给了他，对他说："你拿回去吧。"

他佯装困惑地问道："请问我的简历有问题吗？"

招聘官说："你难道没有阅读过我们的招聘广告吗？"

他回答说："我阅读过了。"

招聘官极为不耐烦地说："你肯定没有认真阅读我们的招聘广告，如果你认真阅读过的话，你会在上面清楚地看到我们的要求是：'名牌大学营销专业本科以上学历，学士学位，市场营销经理职业资格证书……'你的学历以及经验和我们的要求相差甚远……你知不知道认真阅读别人的广告介绍是一种尊重？"

此刻的他，能清楚地从对方的语气中感觉到一种急于拒绝的焦躁，而他看看手表，依旧笑着说："我的确认真阅读了你们的招聘广告，但我请你们也认真阅读一下我的简历，或者听我讲讲我的相关介绍，这对我不仅仅是尊重，也是我的荣幸，或许认真听我介绍一下，你们也能了解到更多我的长处……"

招聘官依然有些不屑，但已经不好拒绝，靠在椅背上听他娓娓道来自己的想法，不时地与他辩驳……

直到 20 多分钟以后，一位招聘官看了看表，终于微笑着叫他停下，然后收起了他的简历，然后所有表情无奈的人忽然微笑着点起了头，另一位招聘官则直接告诉他明天就可以来公司报到了……

他就这样意外地进入了这家公司，他甚至不明白招聘官为什么忽然集体对他赞许地点头，而他也清楚自己的介绍并不是那么精彩，并不值得让所有的人给他赞许……

在接下来的日子里，他的困惑终于在公司的销售经理培训中消释了。培训中，集团公司的副总裁给他们上了一堂关于销售时间的课，副总裁对他们说："虽然我们对每一种产品的介绍内容都有严格的规定，也研究消费者的接受心理，但是我们终究离不开一条铁规，那就是你是否能勇敢地将自己的产品推销出去，能否勇敢地面对别人的拒绝甚至排斥，而用最大的耐心承受拒绝甚至打击，进而将自己的产品推销出去……"

再后来，他从人力资源部经理的口中得到了一个确切的答案——他们其实对文凭要求并不是那么高，只是他们故意把要求提高而已，他们的拒绝甚至讽刺打击也是假的，他们需要能够经得住别人的拒绝，勇敢推销自己的销售经理，因为在营销过程中，随时都会面临拒绝……

原来，在他们招聘的过程中，大家都和朋友一样关注着时间，而他们最后招聘下来的 12 个销售经理之中，都是在他们的拒绝中能够坚持到 20 分钟以上的人……

他终于恍然大悟了，心中竟然升起了一种幸福，因为他知道自己曾经是那么犹豫彷徨，但是他用自己一颗坚持的强韧的心战胜了自己，与此同时也折服了别人，把自己推销了出去。在他给自己的业务员讲授营销之道时，他总不避讳地用自己的故事鼓励他们，总要那么坚定地告诉那些即将面对无数拒绝的员工们一句话——没有人能够拒绝一颗强韧的心！

## 与你共品

沙漠玫瑰在没有水的情况下会枯萎，但是，过了几天，几个月，甚至是几年，只要一有水，它就会在短短的几天之内活过来。沙漠玫瑰靠什么挺过来？靠的是一颗强韧的心。

强韧的心会去挑战极限，激发自己最大的能量，把别人看起来不可能的事情变成事实。强韧的心不会害怕眼前的失败，始终保持信心等待胜利的到来，并相信留得青山在，不怕没柴烧，就算失败还会从头再来。古人云：生于忧患，死于安乐。强韧的心在困境中的磨炼，会让人收获不一样的精彩人生。

# 专家和矿工

陆勇强

有一位煤矿安全专家下井检查矿井安全。这口井并不深，只有50多米，对于井里的安全设施，专家感到满意。

在井下，专家对矿工们说了许多提醒的话，矿工各自忙着手中的活，不置可否。专家摇摇头，叹息着准备升井。

但意外发生了，只听到一声沉闷的声响，井口顿时陷入黑暗之中。

专家大惊，他知道井口发生了垮塌，而他比谁都清楚，这意味着什么。

井底传来工人们恐惧的惊叫声。一位老矿工大声叫着："大家不要惊慌，保持平静，等待地面的人进行救援。"

工人们安静下来，他们在老矿工的指挥下，抱团坐在地上。时间一分一秒地过去，不知过了多长时间，但他们听不到任何来自地面的声音。

矿工们很焦急，他们想起了专家。老矿工走过来和专家商量，问他如何自救。

专家舔舔干燥的嘴唇，说不上话。继而，他哭了，他说，我有妻子，还有一个女儿，我这样离去，她们会很难过的。

老矿工制止了专家的话，压低声音对他说："你不能这样，这些话可能会杀死我们全部的人。"

专家说："我们不可能活着出去，因为这个矿井的通风口被堵了，我们会因为缺氧而死去。"

老矿工再一次制止了他。

老矿工退回工友们身边，他对工友们说："专家说了，这次垮塌很轻微，地面的救援人员马上就会掘出井口。"

老矿工说："从现在开始，我们要尽量保持平稳的呼吸，不要说话……"

老矿工觉得空气越来越沉闷，他的呼吸越来越困难……

不知过了多长时间，矿工们终于听到了"咚咚"的声音，矿工们精神振奋起来。

几个小时后，矿井被挖开，新鲜的空气扑涌而进。

井下所有矿工都得救了，但救援人员发现，专家却瘫软在一个角落，已经死去多时。

对于专家之死，许多人感到不可思议。老矿工却说："也许，他对矿难知道得太多了。"

## 与你共品

宋代文学家苏洵说："为将之道，当先治心。泰山崩于前而色不变，麋鹿兴于左而目不瞬，然后可以制利害，可以待敌。"在灾难和恐惧面前，如果真正能将自己的心先治好，有这样一份沉稳冷静，便可顺利渡过难关。根除恐惧的真正良药是冷静自信，冷静会让你在纷繁复杂的境况中迅速抓住事情的主脉，找到方向，自信会给你平添力量，在精神上不会首先打垮自己，而坚持到最后一刻。

在灾难和恐惧面前，人需要有智慧和冷静，有水一样的灵动，山一样的沉稳。

# 请你记得歌唱

羽毛

因为一次医疗事故，他在4个月大时失聪了。在母亲竭尽全力的教导下，他终于理解了每个事物都有自己的名字，并慢慢地学会开口说话，普通话说得甚至比一般孩子还标准。

可是一进学校，他的助听器还是引起了其他孩子的好奇。有时，他听不清楚老师提的问题，答非所问，也会招来哄堂大笑。这一切都让他很沮丧，他恨不得把助听器摔烂，再也不去学校。

母亲安慰他，他不听，哭着问："为什么我和别人不一样？"母亲回答，他是医生一针给打失聪的。他哭得更厉害："我恨他，我要找他报仇！"母亲难过地别过头去，"找不到了，就是找到了，你的耳朵也是这样了。"

他只能接受现实，并比其他同学更努力。小学的听写课，同学们只需记住单词，他还要记住单词的次序，老师嘴巴动一下，他就写一个，同样拿了满分。他甚至主动报名参加北京市组织的区中小学生朗诵比赛，第一次上台吓得双腿发抖，怕自己吐字不清晰，或者忘词。望着众多正在注视他的听众，他终于鼓足勇气开口，结果获得一等奖。

努力总有回报，他一直是学生骨干，并且日益自信起来。

可是，因为失聪，仍然有他尽了努力也无法完成的事情，譬如音乐课的考试。那天音乐课下课时，老师说："大家都准备一下，明天考试，要唱《歌唱祖国》。"其他同学都嘻嘻哈哈的不当回事，他却犯难了。他一直不大会唱歌，难以把握节奏。回家后，他愁眉苦脸，母亲就一边弹钢琴，一边教他唱。一个小时，两个小时，三个小时过去了，他的嗓子都嘶哑了，但还是跑调。节奏很对，但他完全是在"说歌"，一个字一个字无比认真地说。母亲摸摸他的头说："考试时你就这样唱吧。"他说好。母亲又严肃地叮嘱道："可能大家会笑，但是你自己不能笑，坚持把歌唱完。"

第二天音乐课考试，轮到他上台了。他舔舔发干的嘴唇，跟着节奏开始"唱"歌。第五句的话音才落，教室里的同学已经笑翻了天。他不理会，在笑声中仍然继续自己的歌唱。他就这样一丝不苟地跟着节奏把歌"唱"完。

教室里不知何时已经安静了下来，他突然发现，同学和老师的眼睛里都有些亮晶晶的东西。接着，他看到了同学们在使劲鼓掌。

至今，他都非常喜欢唱歌，每次去卡拉 OK，必"唱"无疑。他并不避讳自己的跑调，但求能够唱出个性。他深信，不管歌声是否动听，歌唱，首先是一种态度，包含着努力、尊严、坚持和快乐……

在失败的时候，你还有歌唱的勇气吗？在绝望的时候，你还会记得最爱的歌词吗？在人生路上，迷失方向、不知所措的时候，你能做到且唱且行吗？

## 与你共品

　　失败的时候，有唱歌的勇气，就有战斗的士气。李白从官场失败而归，却唱出"仰天大笑出门去，我辈岂是蓬蒿人"的心声；司马迁惨遭酷刑，却唱出"人固有一死，或重于泰山，或轻于鸿毛"的赞歌。没有绝对的失败，要在失败的地方寻找生命的下一个出口，卸下身上重重的积压，磨一把利剑，斩断失意、彷徨、落寞，给自己一个微笑，开始下一段的行程。

　　且歌且行，让歌声装点你的行程，让歌声告诉你：阳光总在风雨后，不经历风雨怎能见彩虹……

# 是什么给了我们坚持的力量

星竹

　　1972 年，贵州老陀镇的农民宋玉祥得了一种怪病。老陀镇是山区，偏僻得很，去一次大城市要先走 20 里的山路，然后再坐大半天的马车，之后再坐长途汽车，最后是坐火车。需要几天几夜的时间。

　　面对宋玉祥的怪病，乡卫生院和县医院都一筹莫展，从没见过。宋玉祥只好带上大半生的积蓄，又和村人借了 200 块钱，去省城看病了。宋玉祥经过几天的周转，终于到了省医院。医生们为他会诊后大吃一惊。宋玉祥得的不但是怪病，还是世界上极为罕见的一种病，英国人命名为枣核菌的病。它是一种无菌性神经感染。只有一种进口药可以医治，但也只是维持。遗憾的是，患上这种病的人，最多只能存活一年半。更让人吃惊的是，就在宋玉祥去省城看病的时候，老陀镇又有6个人出现了与宋玉祥一样的病。

患病的7个人都是贫困户，在温饱线以下。不要说看病，就连去省里的路费也拿不起。宋玉祥回来了，他知道自己完了！最多只能活一年半。

面对7家贫困户，镇长何永久却做出了一个谁也没有料到的决定。他要替7个病人去省城拿药。这样就能省下7家人的路费。为7家人省下的钱可以用来买药。

何永久到省医院说明情况后，大夫们都很同情，老陀镇实在是太远了，农民们怎么跑得起。医生们叮嘱何永久，告诉他这种病对人的精神打击很大。如果精神垮了，人就可能很快去世。

何永久回来，将拿回的药分发给7户人家。同时也带回来一个让7户人家感到安慰的消息，世界卫生组织已经宣布，两年后，根治这种病的新药就将诞生。到时候，这种病将不再是不治之症！

何永久带回的这个消息，比带回来的药更管用。7位病人为了活下来，决定不管怎样，也要熬过这两年。

几个月过去了，7个病人的药吃完了。何永久又派干部到省城拿药。就这样，7个病人一天天一月月忍受着痛苦，顽强地坚持着，时间虽然漫长，但转眼也接近了两年。其中3个病人已经卧床不起，随时都有生命危险。

何永久又亲自去了一趟省城，这次他是去开会，顺便为7个病人拿药。医生问何永久7个病人的情况，当医生们知道7个人还都活着时，简直不敢相信自己的耳朵。因为在世界医学史上，这种病是没有救的，最长的从发病到死亡也只活了1年零7个月。而老陀镇的7个病人竟然还都活着！

何永久回来时，7家人都急切地问，根治这种病的新药到底出来了没有？

何永久说他问过医生了，医生说正在动物身上试验，大概还要等半年到一年。

7位病人虽然十分沮丧，但近两年的时间都熬了过来，还怕再等上半年或是一年吗？7位病人又乐观地支撑下去。几个月过去，还是没有新药问世的消息。这时那3位卧床的病人，病情更加严重，几乎已经无法下床。他们每分每秒都在关心着新药的问世，万分焦急。又过去了两个月，其中的两位病人再也挺不过去了，让何永久无论怎样，也要再跑一趟省城，打听这种新药的消息。何永久十分无奈：躲到县里的朋友家住了几天。回来时他告诉大家，这种新药顶多再有四五个月就能问世。

还要等四五个月？躺在床上的3个危重病人咬着牙，不知道他们是否真能活到那一天。全村的人，都来给他们打气，让他们无论如何也要再坚持四五个月。

其实7位病人，都已经到了病情反复发作的高频期，随时都会离世。

何永久背着大家，去给菩萨磕头了，让菩萨原谅他一次又一次所说的谎话。他并无恶意，只是希望7个病人能多活几天，再多活几天。现在他再也不能骗下去了。在这个世上，根本没有能根治这种病的新药。何永久准备把实情告诉给7家人。

然而就在这个时候，奇迹发生了。省医院传来消息，英国人已经研究出了医治这种病的新药，包括中国等许多国家都已经进口。这可真是天大的好消息。何永久接到电话，完全愣住了。接着，他派人飞快地去省医院，取回了这种新药。

7个病人一个也没死。老陀镇创下了天下最大的奇迹，创造了此种病人存活最久的世界纪录。

何永久的谎言被老天爷应验了。如此的结果，惊讶的不是别人，正是何永久自己。他没有想到，他的话成为7个病人的巨大精神支柱，产生了神奇的效果。上苍为他的谎言安排的期限是那么准确一致。这段真实的谎言在几年后才被媒体披露。人们大惊。

除了何永久的谎言，人们还总结出另一条真理，那就是7位深山里的病人，太朴实，太纯真，太简单了。他们对谎言的笃信不已，对何永久绝对的信任帮助了他们，使他们身上出现了奇迹。

其实世界上还有许多这样的奇迹，许多得了不治之症的患者，只要满怀信心，多活一天，再多活一天，就有被医治的可能，就有可能发生神奇的事情。希望不仅只是精神的支柱，往往还是生活中的现实。

在人生的长河中，会有许多磨难与艰辛，沟沟坎坎，不管是面对困难，还是面对绝境，精神往往是第一位的。坚持一下，再坚持一下，人生的一切希望就在其中！

## 与你共品

　　奇迹往往发生在坚持中，坚持一下，再坚持一下，奇迹就发生了。是什么给了我们坚持的力量？是信念，不灭的信念支撑着我们走过人生的沼泽，翻越人生的险峰，搏击人生的激流。

　　向前看是处于绝境中的人最好的姿态，前方才有希望，哪怕是拖着残缺的身体，再疲惫的身影也是前行着的。用顽强的毅力构建起来的信念就是不倒的长城，它会给你力量，给你不放弃的理由，简单而单纯，却是精神的强大支柱。希望在前，再坚持一下，奇迹就会发生。

自我情绪调适篇

# 第一章
# 做自己命运的主人——改变自己

## 危险妹妹

王 悦

为了募捐，主日学校准备排练一部叫《圣诞前夜》的短话剧。告示一贴出，妹妹便热情万分地去报名当演员。定完角色那天，妹妹一脸冰霜地回到家。

"你被选上了吗？"我们小心翼翼地问她。

"选上了。"她丢给我们3个字。

"那你为什么不开心？"哥哥壮着胆子问。

"因为我的角色！"

"你的角色是女儿？"

"不对！"

"是母亲？"

"不是！"

《圣诞前夜》只有 4 个人物：父亲、母亲、女儿和儿子。我担心地问："不会是让你演儿子吧？"

"不是，他们让我演狗！"说完，妹妹转身奔上楼，剩下我们面面相觑。妹妹有幸出演"人类最忠实的朋友"，全家不知是该恭喜她，还是安慰她。饭后爸爸和妹妹谈了很久，但他们不肯透露谈话的内容。

总之，妹妹没有退出。她积极参加每次排练，我们都纳闷一只狗有什么可排练的？但妹妹却练得很投入，还买了一副护膝。据说这样她在舞台上爬时，膝盖就不会疼了。妹妹还告诉我们，她的动物角色名叫"危险"。我注意到，每次排练归来，妹妹眼里都闪着兴奋的光芒。然而，直到看了演出，我才真正了解那光芒的含义。

演出那天，我翻开节目单，找到妹妹的名字：珍妮……危险（狗）。偷偷环视四周，整个礼堂都坐满了，其中有很多熟人和朋友，我赶紧往座椅里缩了缩。有一个演狗的妹妹，毕竟不是件很有面子的事。幸好，灯光转暗，话剧开始了。

先出场的是男主角"父亲"，他在正中的摇椅上坐下。接着是"母亲"上场，她面对观众坐下。然后是"女儿"和"儿子"，他们分别跪坐在父亲两侧的地板上。一家人正在聊天，妹妹穿着一套黄色的毛茸茸的狗道具，手脚并用地爬进场。

但我发觉这不是简单地爬，"危险"（妹妹）蹦蹦跳跳，摇头摆尾地跑进客厅。她先在小地毯上伸个懒腰，然后才在壁炉前安顿下来，开始呼呼大睡，一连串动作，惟妙惟肖。很多观众也注意到了，四周传来轻轻的笑声。

接下来，剧中的父亲开始给全家讲圣经故事。他刚说道："圣诞前夜，万籁俱寂，就连老鼠……""危险"（妹妹）突然从睡梦中惊醒，机警地四下张望，仿佛在说："老鼠？哪有老鼠？"神情和家里的梗犬一模一样。我用手掩着嘴，强忍住笑。

男主角继续讲："突然，一声轻响从屋顶传来……"昏昏欲睡的"危险"（妹妹）又一次惊醒，好像察觉到异样，仰视屋顶，喉咙里发出呜呜的低吼。太逼真了，妹妹一定费尽了心思。很明显，这时候的观众已不再注意主角们的对白，几百只眼睛全盯着妹妹。

因为"危险"（妹妹）的位置靠后，演员都是面向观众坐着，观众可以看见妹妹，其他演员却无法看到她的一举一动。他们的对话还在继续，妹妹幽默精湛的表演也没有间断，台下的笑声更是此起彼伏。

那晚，妹妹的角色没有一句台词，却抢了整场戏。后来，妹妹说让她改变态度的是爸爸的一句话："如果你用演主角的态度去演一只狗，狗也会成为主角。"40年后，这句话我仍然记忆犹新。命运赐予我们不同的角色，与其怨天尤人，不如全力以赴。再不起眼的角色也有可能变成主角，哪怕你连一句台词也没有。

## 与你共品

如果你原本就不是一棵树，就没有必要去抱怨自己缺少树的笔直与高大，努力做好一株小草，用满园的绿色装点大地，照样是人们心中春天的使者。不要觉得自己渺小，做好分内的事，从手头的小事开始，一步步改变自己，就会有大的成就。

不要先入为主地认为一个角色一定会比另一个角色差或是好，别人对你的评价不是因为你扮演的角色，而是角色扮演得好坏，一个人的位置是由他自己的实力和努力决定的。

# 从改变自己开始

朱 砂

1930年初秋的一天，东方刚刚破晓，一个只有1.45米的矮个子青年从位于日本目黑区神田桥不远处的公园的长凳上爬了起来。他用公园里的免费自来水洗了洗脸，然后从容地从这个"家"徒步去上班。在此之前，他因为拖欠了房东7个月的房租已经被迫在公园的长凳上睡了两个多月了。

他是一家保险公司的推销员，虽然每天都在勤奋地工作，但收入仍少得可怜。为了省钱，他甚至不吃中餐、不搭电车。

一天，年轻人来到东京都日本桥小传马町，进了一家名叫"村云别院"的佛教寺庙。

"请问有人在吗？"

"哪一位啊？"

"我是明治保险公司的推销员。"

"请进来吧！"

听到"请"这个字，年轻人喜出望外，因为在此之前，对方一听到敲门的是推销保险的，10个人中有9个会让来人吃闭门羹。有时即使有人会让推销员进门，态度也相当冷淡，更不要说"请"了。

年轻人被带进庙内，与寺庙住持吉田胜逞相对而坐。

寒暄之后，他见住持无拒人之意，心中暗暗叫好，接下来便口若悬河、滔滔不绝地向这位老和尚介绍起投保的好处来。

老和尚一言不发，很有耐心地听他把话讲完。然后平静地说："听完你的介绍之后，丝毫引不起我投保的意愿。"

年轻人愣住了，刚才还十足的信心仿佛膨胀的气球突然被人扎了一针，一下子泄了气。

老和尚注视着他，良久，接着又说："人与人之间，像这样相对而坐的时候，一定要具备一种强烈吸引对方的魅力，如果你做不到这一点，将来就没什么前途可言了。"

年轻人哑口无言。

老和尚又说了一句："小伙子，先努力改造自己吧……"

从寺庙里出来，年轻人一路思索着老和尚的话，若有所悟。

接下来，他组织了专门针对自己的"批评会"，每月举行一次，每次请五个同事或投了保的客户吃饭。为此，他甚至不惜把衣物送去典当，目的只为让他们指出自己的缺点。

"你的个性太急躁了，常常沉不住气……"

"你太固执了，常常自以为是，往往听不进去别人的意见，这样很容易招致大家的反感……"

"推销保险，你面对的将是形形色色的人，你必须要有丰富的知识。你的常识不够丰富，所以必须加强修炼，以便能够很快与客户找到共同的话题，拉近彼此之间的距离……"

年轻人把这些可贵的逆耳忠言一一记录下来，随时反省、勉励自己，努力扬长避短、发挥自己的潜能。

每一次"批评会"后，他都有被剥了一层皮的感觉。通过一次次的批评会，他把自己身上那一层又一层的劣根性一点点剥落了下来。

随着劣根性的消除，他感觉到了自己在逐渐进步、完善、成长、成熟。

与此同时，他总结出了自己含义不同的 39 种笑容，并一一列出各种笑容要表达的心情与意义，然后再对着镜子反复练习，直到镜中出现所需要的笑容为止。他甚至每个周日晚上都要跑到日本当时最著名的高僧伊藤道海那儿去学习坐禅。

功夫不负有心人，一次次"批评会"、一回回地坐禅使这个年轻人开始像一条成长的蚕，随着时光的流逝悄悄地蜕变着。到了 1939 年，他的销售业绩荣膺全日本之最，并从 1948 年起，连续 15 年保持全日本销售业绩第一的好成绩。

1968 年，他成为美国百万圆桌会议的终身会员。

这个人就是被日本国民誉为"练出价值百万美金笑容的小个子"，美国著名作家奥格·曼狄诺称之为"世界上最伟大的推销员"的推销大师——原一平。

"我们这一代最伟大的发现是：人类可以经由改变自己而改变生命。"美国哲学家威廉·詹姆斯如是说。

原一平用自己的行动印证了这位哲学家的话，那就是：有些时候，迫切应该改变的，或许不是环境，而是我们自己。

## 与你共品

市场化时代有着永无止境的需求和应接不暇的选择，推销逐渐成为影响人们选择的重要手段。商品需要推销，业务需要推销，人也需要推销。学会包装和推销自己，越来越成为提高一个人成功指数的关键。

推销自己首先从改变自己开始。去掉那些自以为是的习惯，不断进行自我反省、自我总结、自我调适，用态度和信任征服客户，用能力和业绩征服老板，用真诚和热情征服朋友，当你的气质和魅力征服了身边的各色人等，你也就成功地成就了自己的事业与人生。

# 因为我在那个位置上

### 崔修建

几年前，美国著名心理学博士艾尔森对世界 100 多个领域中的杰出人士，做了一项问卷调查，结果让他十分惊讶——其中 61% 的成功人士承认，他们所从事的职业，并非他们内心最喜欢做的，至少不是他们心目中最理想的。

一个人竟然能够在自己不大理想的领域里，取得那样辉煌的业绩，除了聪颖和勤奋，所依靠的还有什么呢？

带着这样的疑问，艾尔森博士又亲自走访了多位商界英才。其中，在纽约证券公司的金领丽人苏珊极具代表性的经历，给了他一个满意的答案。

苏珊出身于中国台北的一个音乐世家，她从小就受到了很好的音乐启蒙，她也非常喜欢音乐，期望自己能够一生驰骋在音乐的广阔天地中，但她阴差阳错地考进了大学的工商管理系。一向认真的她，尽管不喜欢这一专业，但她学得很认真，每学期各科成绩均是优异。毕业时她被保送到美国麻省理工学院，攻读当时许多学生可望而不可即的 MBA。后来成绩突出的她，又拿到了经济管理专业的博士学位。

如今已是美国证券业界风云人物的她，依然心存遗憾地说："老实说，至今为止，我仍说不上喜欢自己所从事的工作。如果能够让我重新选择，我还会毫不犹豫地选择音乐，但我知道那只能是一个美好的'假如'了，我只能把手头的工作做好……"

艾尔森博士问她："你不喜欢你的专业，为何你学得那么棒？不喜欢眼下的工作，为何你又做得那么优秀？"

"因为我在那个位置上，那里有我应尽的职责，我必须认真对待。"苏珊的眼里闪着坚定，"不管喜欢不喜欢，那都是自己必须面对的，都没有理由草草应付，都必须尽心尽力，那是对工作负责，也是对自己负责。"

在艾尔森随后的走访中，更多的成功人士所谈的认识，与苏珊的思考大致相同——因为种种原因，我们常常被安排到自己并不十分喜欢的领域，从事了一份自己内心并不十分爱好的工作，而又一时无法更改。这时，任何的抱怨、消极、怠惰，都是不可取的。唯有把那份工作当作一种不可推卸的责任担在肩头，全身心地投入其中，才是正确的选择。而成功，就是从那份对职业的忠诚与认真中一点一点地演绎出来的……

苏珊的话很耐人寻味——"因为我在那个位置上"，凝聚了她对自己所从事的工作的敬重，凝聚了她不甘平庸的理念。正是她的这种"在其位，谋其事，成其事"的敬业精神，让她赢得了令人瞩目的成功。很多人常常无法改变自己在工作和生活中的位置，但完全可以改变其对所处位置的态度和方式，自然，也会因此找到许多的乐趣，因此拥有一份骄傲的人生。

## 与你共品

喜欢的不能去做，做着的又不喜欢，这是社会分工制度下人的悲剧。不仅是普通人，那些在自己的岗位上做出了杰出贡献的人，很多也是阴差阳错地选择了自己的职业和领域。

很多时候我们做得好，不是因为我们有多喜欢，而是因为我们在那个位置上，负有责任，慢慢适应之后会更加投入，不断地改变，直至成功。

# 鸭子的逃生机会

蒋平

一只很普通、很可爱的鸭子，它生活在无忧无虑的养殖场中，生活在父母的千宠百爱之中，从小到大，没有人亏待它，没有人招惹它，也没有人欺负它，它就这么从蹒跚起步到羽翼丰满。有一天，主人将它从养殖场带出来，说是带它去见世面。鸭子于是充满喜悦和好奇上路了。

在一个人声鼎沸的集市，鸭子见到好多喜欢自己的人，指着自己向主人问这问那。最后，一位慈眉善目的新主人将它从笼中拉了出来，放在自行车架上一路骑车回家。鸭子并不知道大祸即将临头，它甚至天真地以为，依着它的可爱和温驯，会引来新主人更多的垂青，从此会过上更好的生活。

自行车要经过一座很窄的小桥，桥上人多拥挤，新主人集中精力骑车。如果鸭子在此时"越狱"，纵身跃到桥下的小河里，又会回到自由自在的生活里去。也许是它觉得日复一日的日子太平凡了；也许是它觉得好马不应该吃回头草；也许是小河里的新环境会让它无所适从；它还是表现得那样温驯和可爱。一眨眼，小河远去了，鸭子终于来到它最后的归宿——新主人的厨房……

这是一位游刃职场多年之后，终于拥有自己公司的朋友给我讲起的故事。朋友在讲完这个普通的故事之后，提出了一个不普通的问题："你能说出，从头到尾，鸭子有多少次逃生机会吗？"

我说："似乎，只有经过小河的那一次。"

朋友摇摇头："不对，正确的答案是没有。你只是受了那条小河的误导！"

我奇怪了："此话怎讲？"

"你必须承认，这是一只在温室里长大的鸭子。"朋友认真地说，"温室里长大的鸭子，它的理想是什么？不过是想吃好点、喝好点、玩好点，过一种养尊处优的生活。这种生活，除了鸭子的父母，谁会心甘情愿给它？所以，它只有对给它施舍的主人巴结讨好，同时，打击贬低跟它一样抢食的同行。这样的鸭子，放弃志向，胸无激情，缺乏创新，甚至机会来了，也会视而不见。而鸭主人的心思是什么？是花最小的代价将鸭子养大，然后利用鸭子的价值去获得最多的利润。虽然，他们也很喜欢鸭子的可爱和温驯，但他们更喜欢的，是鸭子出手后带来的可观效益。"

"鸭子的悲剧，在于它没有认真找准自己的定位，以及对未来作出预测。现实中的很多人，就像温室中长大的鸭子。远离父母之后，他们寄希望于自己的主观努力去打动主人而不是打动命运，他们把得到主人的施舍当作终极目标，习惯在同行之间玩小聪明、搞窝里斗。事实上呢，主人一直在利用他们的劳动创造剩余价值，去施展自己的宏图。最后，年龄是道坎，一旦失去劳动力与利用价值之后，他们的结局就和鸭子没什么两样了。"

朋友一席话，说得在职场闲散了多年的我冷气直冲脊背。

"其实鸭子完全有机会改变命运的。"朋友最后说，"那就是一开始就不要将自己当成普通的鸭子！可以学会下蛋的本事，可以发挥唱歌的特长，可以利用游泳的优势，还可以借鉴野鸭的生存手段，使自己早日变得卓尔不群，不同凡响。只有赢得了主人的刮目相看，才会远离任人宰割的市场。即便不幸遇上倒霉的一天，也可以通过自己的敏感和预见，毫不犹豫地抓住最后一次机会，从那座桥上逃生。这样，命运的主动权就始终掌握在自己手心。社会是一所永远的大学。职场，某种意义上讲类同养殖场，每一天、每一个场合、每一名主人都有自己的学习和表现机会。记住，除了做到与众不同，你永远没法取胜，甚至，包括未来的逃生。"

## 与你共品

养尊处优，习惯于过熟悉的生活，害怕变化，缺乏开拓和挑战精神，这是生长在被溺爱的环境里的人的共性。这类人一旦依赖的力量失去了，就会发生命运的转折，要么从此活得很惨，要么一切从头开始。

容易走向成功的人都是不甘平庸的。这些人会在同样的条件下拓展属于自己的空间，从各个方面改造自己，力求使自己与众不同。敏锐的嗅觉和独特的才能是他们最大的优势，因为当机会悄悄来临的时候，首先要能看得出是个机会，然后才是如何把握住机会。

# 倒下不是耻辱

张小石

进新兵连后，才知道站军姿是件可怕的事。挺胸、抬头、提胯，两腿夹紧、两眼平视——全身绷直，像根木桩。连续站上半小时或一小时，世界就变了。再寒冷的冬天，我们都得忍受汗水的煎熬，头晕目眩……

"砰"的一声，后边倒下一名新兵。窸窸窣窣地，好像又爬起来重新站好了。连长站在队列前，面对我们，两眼平视，纹丝不动。如果独自置身于山洞，这样的寂寞倒也可以理解；但是，整整一个连的人在一起啊！只隐隐约约听见呼吸声。这就是军姿。一个兵是一根桩；一个连的兵，就是一方整齐的巨石。

半个小时过去了。世界在颤抖，眼前的景物混淆成一片苍白。站军姿的时候，我常常产生奇异感觉，例如：树好像融进了墙体，蚂蚁上树有一种"咝咝"的声音，头顶上的天空特别重……"砰、砰"两声闷响，又有人倒了。值日排长跑过去，默默地扶他们站起来。

连长纹丝不动，汗流满面，衣领、胸口全湿了。闹钟放在他脚下，滴答、滴答，每一秒都在考验我们的神经系统。时间在军姿队列中流逝得特别缓慢。耳畔传来路上行人的脚步声、谈笑声，就像来自另一方时空。这时，连长忽然前后晃动一下。

"砰"的一声闷响，连长倒了。他没吱声，翻身站起来，揉揉屁股，连灰都没拍，又重新站好。接连又是几声"砰、砰、砰"……不久，其中一名新兵被值日排长搀回连队。看看闹钟，还剩最后10分钟。

连长又晃了一下，接着，放慢镜头似的向一侧倒下，全身仍那么僵直。"砰"！这次摔得不轻，耳朵碰破了，血流下来。值日排长急忙去扶他，连长摇摇手，自己爬起来，重新站好。我心头掠过一丝感动，瞬间就消失了。此时，整个人真的像根木桩，哪有时间和精力去调动感情？站着，站好了，站直了，绷紧了……

最后一分钟。连长忽然斜了，这次是向前栽倒的。"扑"的一声闷响，像沙袋砸在地上。连长的脸都紫了，但他仍然坚持不要扶，自己爬起来，站好，但全身在哆嗦，还喘粗气。队伍里仿佛产生一种激越的气氛，最后的关头，所有的人都在调集最后一丝力气——坚持。

伴着闹铃声响，连长一屁股瘫在地上，叫道："弟兄们，休息！"一位兄弟跑上前，拍胸脯道："连长，这一个小时，我一次也没倒啊，你不如我！"连长擂了他一拳："真正的耻辱不是倒下，而是倒下后躺在那里——我，是自己爬起来的！"

## 与你共品

如果你的孩子跌倒了能自己爬起来，就最好不要去拉他。失败——反抗失败——走向成功，这是再自然不过的逻辑；如果省略了对失败的反抗，企图从失败直接走向成功，那是不可能的。所以小孩跌倒之后如果你每次都去拉他，他永远也不会自己爬起来，因为他还没有机会获得自救的能力。

十次败，一次成，所以，倒下了不是耻辱，倒下了躺在那里，不自己爬起来才是真正的耻辱。一切自我拯救都是值得尊重和崇敬的。自己掌握自己的命运，即使败了，虽败犹荣。

# 皮球怎样才能蹦得高

### 感动

我小的时候，一年春天的傍晚，父亲从城里买种子回来时，顺便给我买了一个漂亮的圆球，父亲说："这东西叫皮球，很好玩。"这是我第一次见到皮球，握在手里，感觉它软软的弹性，兴奋得不知所措。

父亲把皮球拿在手里，一边说城里的孩子如何玩皮球，一边向我演示。在我一眨眼的工夫，那只皮球已经从地上神奇地蹦了起来，一旁的父亲一下把球抄在手里，我急忙跑到他身边问他："皮球怎么会蹦起来，蹦这么高？"

"皮球要蹦起来，就必须在地上摔跟头，摔得越狠，它就蹦得越高，你摔摔试试。"父亲一边说，一边把球丢给我。我把球向地上一摔，结果它真的蹦起来了。再用力摔一下，它竟然蹦得比房子还高。

关于这个皮球，后来的印象就比较模糊了。它不知在何时被摔破了，漏了气，随童年时的笑闹一起被湮没在岁月里。但那个春天傍晚，父亲讲解皮球如何蹦起来的道理，我却一直记忆犹新。

"摔得越狠，就会蹦得越高。"父亲的话，不单是回答了一个孩子的疑问，更是教会了我一个深刻的人生哲理：在人生的长路上，任何人都避免不了像那只皮球一样，跌倒在地上。有时会跌得很轻，有时则会跌得很重、很痛，但是，无须为此悲观忧郁、徘徊不前。回首细数人生路，每个人在跃得最高时，总是在他跌得最重、最痛之后。

## 与你共品

人生就像弹簧，你给它多大的压力，它就会产生多大的反弹力；人生又像是皮球，你必须用力摔它，它才能蹦得高。

这个所谓的"弹簧定律"或者是"皮球定律"，实在是一种无奈的嘲讽。人人都渴望一帆风顺的人生，但往往成就与苦难是成正比的。太顺利的人生就像温室里的花朵，经不起一点儿风吹雨打；相反，越是不顺，越能刺激一个人走出逆境，走向辉煌。就像我们都希望健康，但往往那些身体残疾的人能取得巨大的成功，带给我们心灵的震撼一样。

# 对手的数量

蒋平

到黄龙旅游，从入口到峰顶五彩池的 4000 多米山路中，每隔 100 米都有距离提示。随着登山道路越来越陡峭险峻，望着那离终点还相差一大截的数字，不断有人被数字后面隐含的困难击垮，最终放弃攀登而选择了坐轿。而轿夫们疾步如飞，加之爱抄近道，他们也因此错过了沿路的许多美景，包括那征服自然的乐趣和欢欣。

这事让我想起一个典故。有人曾问一位年迈的常胜将军，在战场上如何率领士兵以一当十，以少胜多的？将军回答说："我的办法很简单，就是不让士兵们知道对手的真正数量。"

问者奇怪了："知己知彼，方能百战不殆。不让士兵们知道对手的数量，这不是蒙着眼睛打仗吗？"将军笑着说："士兵们不知道，并不等于我也不知道。战场上，士气第一。如果让士兵们把心思盯在对手的数量上，尤其是敌强我弱的不利形势下，满脑子都是对方的强处，往往会忽略对方的弱点，在士气上首先就输了一着，后面的仗是没法打的。"

不让部下知道对手的数量，里面包含了很深刻的哲理：如果得知对手比自己弱小，往往会导致麻痹轻敌；如果知道对手比自己强大，就会带着压力上阵。临阵调将，靠的是做统帅的胸有成竹、运筹帷幄、处乱不惊、以不变应万变。不让部下知道对手的数量，是为了在战略上藐视敌人。同时，对手数量的多少对胜负而言并不十分重要，重要的是统帅知己知彼，以及部下对统帅的信任值。

再来看看我们身边的例子：一名成绩出众的中学生，拥有了多项荣誉光环，并不意味着能上清华北大；一位实力超群的体育选手，拥有了超强的实力和辉煌战绩，并不意味着是下一个冠军；一家龙头骨干企业，拥有了先进的设备和技术，并不意味着一劳永逸……这些优势因素，就像对手的数量一样，只是一种貌似的强大。须知真正的对手往往不是别人，而是自己，只有战胜自己，才能最终驾驭人生。

## 与你共品

了解情况——分析对策——作出决定——付诸行动，这是常见的大众化思路。在某些特殊的时刻，不管三七二十一，只管拼命地勇往直前，反而会取得意想不到的成绩。因为心无旁骛地集中所有注意力于自身，就会忽视外界信息造成的干扰，将自身的力量发挥到极致。

知己知彼，百战不殆，固然是大实话。但别忘了，还有一句话：无知者无畏。因为对别人一无所知，没有比较，就没有理由骄傲或恐惧，唯一能做的只有发挥自己最大的潜能。能做最好的自己，就是对对手最好的了解。

# 火车没有方向盘

陈志宏

一直以为，天下的车，都是有方向盘的，否则，怎么掌控方向呀？就算香港的汽车和内地的不一样，但毕竟还是有方向盘的，只不过是居右而已。直到一位搞广告的朋友说起自己的一段人生经历，我才知道，火车是没有方向盘的。

那一年，朋友辞职离开讲台，从县城跑到省城打拼人生。他在师大学的是中文，当了几年中学教师，仍念念不忘自己最初的梦想——做一名"铁肩担道义，妙手著华章"的记者。

他从一名见习记者做起，处处小心，时时在意，像刘姥姥进大观园似的，新鲜得不得了，又紧张得不行。论文笔，他不比别人差，一手让人艳羡的漂亮文章，发表作品的剪贴本足足三大本，是个小有成绩的作家！比人稍逊一筹的，只是采访，不过，他是个性格外向的人，善于交际，与人沟通起来，相当活泛。更何况他肯学，爱干，勤奋……按道理，一路顺风顺水，他会很快转正，继而成为报社的名记。

但是，无论他怎么努力，他的报道总是很难见报。主编不是说他的文章文学味太浓，不像新闻，就是说他采访不深入，浮在表层，甚至逮着一个错别字，也会煞有介事地训他一顿。而对其他几位一同考进报社的新记者，主编压根就不说什么。朋友觉得自己太委屈了，感觉自己处处受到刁难，信心越来越低。

其他见习记者的稿子天天见报，而他，见习期快满了，才发了几篇小稿子，如期转正，变得悬而又悬了。

见习期的最后一次编前会，朋友正处于绝望中，还没来得及找到一个合适的选题。每次编前会，开始都开得非常严肃，到后来，就变成轻松的闲聊了。以前，朋友也会参与到闲聊中来，这次，他却是独自发呆。体验版的选题，没人报。主编点题，让大家踊跃思考。大家畅所欲言，只是……趣味品位无不低了点，主编没有认同。那时，全国上下正在学习北京公交售票员李素丽，主编点将要求记者去体验公交售票员或者司机的生活。记者们七嘴八舌地说要体验就体验火车司机，读者肯定喜欢看！主编也觉得好，一锤定音。可是，没人愿意接，因为联系火车司机是件麻烦事，而报道三天之后就要出来。

朋友手头没有选题，就接下了，单独去做。通过铁路上一位作家朋友帮忙，他很快以记者身份上了火车头。与司机们握手之后，他第一个问题就出来了："怎么没有方向盘呢？"

司机们笑了，说："火车没有方向盘呀！"

他惊呆了："那火车怎么控制方向啊？"好像马上就要看到火车相撞似的，他紧张得手心直冒汗！

火车司机告诉朋友，掌控火车方向靠的是红绿灯、车载无线电台和铁路扳道工人的人工或智能操作。对于火车司机而言，只要提速、减速、停止，就行了，方向自有专人安排调度。

体验完火车司机的生活，朋友写了最后一篇报道《走近火车司机》。文章见报的那天，他看到报社关于他们这批见习记者去留的文件，正式记者名单里没有他的名字。

记者梦，像阳光下漂亮的肥皂泡，彻底破灭了。

之后，朋友为了生计，去了一家广告公司当业务员。一路走来，他努力打拼，成了省城广告界大腕，现在已经拥有了属于自己的一家大型广告公司。

朋友说，人生方向，有时不是自己选择就算数的，就像没有方向盘的火车，全靠外界给定的方向。而这种看似无可选择的方向，有时却恰恰适合自己。当时，如果我不干广告业务员，也许就饿死了，而一做起来，这个随机的方向，居然被我走成了康庄大道。

俗话说，"无心插柳柳成荫"，这比"有心栽花花不开"不知好多少倍。人不可没有理想，但当自己的理想走进了死胡同的时候，听从命运的召唤，或许也会闯出一片海阔天空。

火车没有方向盘，可以稳健远行；人生没有方向，也可以服从命运的安排，只要肯付出努力，照样能踏出一行成功的足迹来！

## 与你共品

人有千千万，路也有千千万，不同的道路有不一样的人生。有的人的人生道路是别人指定的，有的人则是自己选，还有的人左冲右突，最后闯入了命中注定的道路，自己所做的似乎只是服从命运的安排。

其实，人生的道路有千万条，而方向却只有一个。只要一直向前，走哪条道路似乎并不那么重要，就像没有方向盘的火车，只要按章行驶，听从指挥，不停地奔跑，照样能欣赏沿途的风景，照样能到达预定的终点站。

# 第二章
## 在心里装个"暂停按钮"——驾驭情绪

### 最无用的东西就是恐惧

孙盛起

我这个人生性腼腆，因此当领导第一次让我单独去谈一个项目时，我愁得几乎彻夜未眠。我想，对方可是本地最大的房地产开发商啊，他能看得上我们这家小公司吗？和他见面以后，怎样切入正题，怎样让他相信那个项目由我们做最合适，采取怎样的态度才既不会使他反感也不会使我们显得太卑微，坚持怎样的价格才既能让他接受又能让我们公司最大限度地争得利益？

不过，仅仅是考虑以上问题绝不至于让我坐卧不安到那种程度，其实整个晚上我考虑的更多的是：万一签不上合同怎么办？一想到当我空手而归时，面对的将是别人失望甚至嘲笑的目光，还可能从此以后再也不会得到这种独当一面的机会，我简直不寒而栗。尽管我一直给自己打气，可是这种焦虑和恐惧却死死纠缠着我，总也挥之不去。

第二天我走进公司时无精打采。和我对桌的同事问我脸色咋这么难看，以为我病了。就在这时，我忽然想到他可是个谈判高手，曾经签回好几个大单。于是我眼前一亮，就像溺水的人看到了一根救命稻草。我吞吞吐吐地向他吐露了心事，最后说："我真的害怕我的第一次是以失败告终，所以你一定要帮我。要不，这次你陪我一起去吧！"他默默地看了我一会儿。让我深感意外的是，他忽然掏出电话本，拨通了一个电话。"喂，我找林总。噢，您就是？我是彩乐装饰公司的×××（我大吃一惊，那是我的名字），公司委派我和您谈给五号小区做装饰壁画的事，不知您什么时候有时间？明天？好，明天下午两点我准时到您办公室。"他放下电话，抬头对我说，"谢我吧，我帮你联系好了。"

我一时间哑口无言，恼怒地看着他。他这哪里是在帮我，简直是在逼我嘛！我觉得自己好像一下子被悬在了一个峭壁上。"现在你可以把害怕放到一边去了。"他微笑着说。还用说吗？事已至此，害怕还有什么用？难道我还有第二种选择吗？现在我唯一能做的事情，就是打起精神，顺着峭壁奋力往上爬。我一边对他怨言不止，一边赶紧开始准备第二天的"台词"。倒也奇怪，当我被置于这种欲退不能的境地以后，失败的恐惧真的就被抛在了脑后，取而代之的是渐增的勇气。我强迫自己设想一些乐观的结局，并反复对自己说：别管谈成谈不成，只管尽力去谈吧！

结果，那次洽谈比我想象的要顺利得多，我为公司签到了一份利润丰厚的合同。事后我摆酒席答谢"逼"我的那位同事，因为如果不是他把我推上"绝路"，我或许会退缩，至少不会怀着一种不论成败尽力去做的心情敲响林总的房门。席间，他的一番话无疑将使我受益终生："在我看来，最无用的东西就是恐惧。如果你做的事情注定要失败，那么恐惧有什么用？如果经过努力可以成功，恐惧却会把这种努力吞噬掉。比如一个球员在踢点球的时候，如果他一心想的不是怎样去踢好这个点球，而是踢不进点球后所要面临的嘘声和谩骂，那么他就会恐惧得两腿发软，这个点球也就十有八九踢不进。可见恐惧不仅无用，还会促成失败。其实，踢进点球的最好方法，不过是果断地抬脚踢球而已。"

不能不承认，他的话使我对自己的弱点看得清清楚楚。有人说，做事情时心存恐惧会促使自己考虑得更周全更缜密，这当然不无道理，可是更多情况下，恐惧会让人考虑得太久太多，以至于不知所措和精神涣散。回想过去，我之所以有很多事情没有做成或者半途而废，并不是由于尽了力也无法完成，而多半是由于对失败的恐惧阻止了自己的努力，也就是说我根本不敢去踢那个点球，或者顾虑重重地抬起脚，踢出的球绵软无力。

我不知道事业成功者是否都是无所畏惧的人，但我想成功肯定离无所畏惧者最近，因为他们抛弃了恐惧这"最无用的东西"，轻装上阵，行动更快捷，出手更有力。他们只管尽力去做，而不用预先设想的失败恐吓打击自己。当然，他们也有失败的时候，但尽力而为后的失败和因恐惧而坐等来的失败实在有天壤之别，因为，前者的前面毕竟还有成功的希望在，而后者的失败却是注定的。

## 与你共品

恐惧是不自信的表现，是无能的代名词，是懦弱派来的捣蛋鬼。恐惧会摧毁自信，恐惧会打乱计划，恐惧会吓退理智，恐惧会扼制创造力。总之，恐惧是世界上最没用的东西。

丢掉恐惧，自信地迈出第一步，不要被过程和结果吓退了开始的步伐。要想最终战胜恐惧，必须学会面对恐惧，不要回避，迎着惧怕的台阶拾级而上，直到用成功的快感征服恐惧的心跳。驱除恐惧还必须淡化结果，不必苛求每次都是最好，放手一搏，做最好的自己就是成功。

## 在心里装个"暂停按钮"

孙盛起

二战末期，一个法国士兵得胜还乡。黄昏时分，士兵终于翻过最后一道山坡，那曾经洋溢着他欢笑的房舍呈现在他的眼前。他兴奋地向那里狂奔，可是，他的脚步在房舍旁的草垛边骤然停住，因为他看到，他朝思暮想的妻子——新婚不久就被迫和他洒泪分别的妻子从屋里走了出来，而身后还跟着一个三四岁的孩子！只见妻子将房前晾晒的衣服收起后，边回屋边训斥孩子："妈妈可不能给你保密。你爸爸快回来了，等他回来他会好好教训你的！"士兵惊呆了。怎么？她有孩子了？那么，孩子的爸爸是谁？喜悦和兴奋霎时被失望所吞噬，士兵感到头晕目眩。还未等他从晕眩中清醒过来，又一个打击接踵而至：一个健壮的年轻人拎着一篮蔬菜从远处匆匆走来，甚至连门也没有敲就进入屋内，随之屋里传出愉快的笑声。士兵痛苦万状，愤怒和绝望撞击着他的胸膛。他断定，刚才进屋的年轻人就是孩子的父亲，也就是说，妻子抛弃了他！士兵跟跟跄跄爬上山坡，痛不欲生地躺到地上。几年的血雨腥风，妻子是他的精神支柱，是他顽强生存和英勇杀敌的力量源泉，而如今，这根支柱轰然倒塌。他颤颤巍巍地掏出枪，将枪口对准了自己的脑袋……

那么，事情真如那个士兵想象的那样吗？事实上，妻子并没有抛弃他，她无时无刻不在盼望着他的归来；而那个孩子的父亲不是别人，正是他自己，只是他和妻子分别时并不知道妻子已经怀孕，至于那个年轻人，那不过是他的妻子请来的帮工而已。

这正应了一句话——冲动是魔鬼！这魔鬼不知给多少人带来了不应有的烦恼、痛苦乃至悲剧。

我相信，我们很多人都吞咽过冲动的苦果。有多少家庭纠纷、同事间的矛盾甚至违法犯罪都由冲动导致。冲动使我们仅仅专注于"那一刻"的感受，使我们深陷于"那一刻"的情绪里无法自拔，因此武断专横，不计后果，或者无中生有，放大痛苦，其结果往往是把并不严重的事情搞得追悔莫及。

那么，怎样才能使我们在受到刺激时控制住自己的情绪，少一分冲动而多一分理智呢？其实，在刺激和回应之间，依然有空间存在。这是一个选择的空间，尽管这个空间很狭小，但是装上一个按钮绰绰有余，这个按钮就是——暂停。

让我们在回应刺激之前跳出当时的情绪暂停一下吧！停下来想一想，思考思考：事情是这样的吗？我这么做能解决问题吗？会不会于事无补或者把事情越搞越糟？……有了这宝贵的暂停时间，我们内心深处的价值观就会起作用，就能指导我们避免做很多的错事傻事。

试想，假如那个士兵的心里有一个"暂停按钮"，在他对自己臆想出来的打击做出回应之前使激愤的情绪暂停一下，问问自己是不是该去核实一下自己的判断，或者自己生存的意义是不是仅仅在于"她是我的妻子"，那么结果将会是多么的圆满！

## 与你共品

冲动是魔鬼，它能鬼使神差地使人敞开理性的闸门，任凭愤怒的洪流在瞬间冲垮江堤。不仅仅是冲动，一切游离于理性之外的情绪都需要得以引导和控制。安东尼·罗宾斯是如此看重情绪控制的作用，他说：成功的秘诀就在于懂得怎样控制痛苦与快乐这股力量，而不为这股力量所反制。要做到这一点，就得在心里装个"暂停按钮"，随时终止冲动情绪的自我运作。

# 恨的成本

流 沙

老先生是位画家，但并未成名。天下像他这样的画家多如牛毛，但像他这样生活的人，却不多。

老先生早年被划为右派，历经劫难。曾经有一位工厂里的干事，经常到他那儿去讨教，不料，因这位干事告发他的一幅画作存在严重的问题，他被捕入狱，关了五年。他在劳教农场里得了一场大病，差点儿死掉。

劳教期满后，回到乡下，养了五六年才得以恢复。老先生命好，盼来了平反。人逢喜事精神爽，此后一段时间，老先生身体挺棒，还一度做到县政协的委员、副主席。

老先生在县里位高权重的时候，当年那个告发他的干事在某局任主任，对于当年的事，他一直担惊受怕着。

两人别后第一次正式相见是县政协组织的一次座谈会上，干事也在列，而老先生是主持人。

在座谈会上，一向谈风甚健的干事一直沉默无语，不敢抬头直视老先生。会议快结束的时候，老先生温和地说："请×局的×主任来谈谈。"

干事愕然，但老先生却笑容满面，鼓励有加。干事便放下包袱，侃侃而谈。

干事谈罢，老先生连声称好。这件事，在圈子里被传为不计前嫌的佳话。

不久，老先生离休，无权无势，闲居闹市。而那位干事却被提拔为局长，对于老先生，常有不恭之词。话传到老先生那儿，老先生却大笑，继而说："可叹啊可叹。"然后，继续若无其事。老先生说，恨一个人，肯定投入愤怒、痛苦、时间、精力……这么巨大的成本我是支付不起的，因为我付不出，所以我放弃。

这种超然脱世的境界，并不是人人都能具备。

憎恨，是一匹脱缰的野马，它出现时，我们总是听之任之，由它撒野放狂，结果让人遍体鳞伤。其实，对待憎恨，我们是不是可以算一笔成本和收益账？成本巨大，耗费空前的愤怒，只会伤害自己，那何不放弃呢？

## 与你共品

恨，付出的是时间、精力、金钱、愤怒、痛苦、孤独，获得的却是伤害与痛苦，或者是牢狱之灾甚至家破人亡。一个人恨别人越多，对自己的伤害也就越大。如此荒唐的交易，只有十足的傻瓜才去做！

恨是一种需要疏导和截断的心理狂流，恨对恨，只能是害人害己、两败俱伤。心怀怨恨的朋友们，请记住曼弗雷德·隆美尔的名言："所有仇恨，都必须在墓地终止。"

# 不嫉妒别人

澜 涛

加入这家公司的第一天，就有同事告诉我，我所在部门的部长已年达 60 岁，虽然一个部长做了 20 年，他自己没有做出什么惊天动地的事，但是从他手下出来的人，不少成了大器，其中不乏身家数千万的私企老板、上百亿资产大企业的董事长等。于是，我对这个貌不惊人的老部长别有一分敬意，工作上也十分认真仔细。

一次，在部门所有同事夜以继日的加班加点中，一份看似不可能完成的工作及时完成，不仅维护住了公司的声誉，还为公司带来一份效益可观的合同。公司对两名表现特别出色的员工给予了物质奖励。奖励虽然不多，但因为只奖励了两个人，这引发了其他部分员工的不平与抱怨。我也是深感不公平的一个，因为，那段日子，几乎人人都废寝忘食，以公司为家般工作着，公司却只奖励两个人，给人的感觉是在否定其他人。当然，也有例外，比如和我关系十分要好的梅子就表现得异常平静。我不由得有些诧异，按道理说，梅子应该是付出最多的。我找到梅子，向她述说着自己的抱怨，并询问她为什么看上去毫无怨愤。梅子笑着对我说道："我认为我只是做了我该做的事情，本来就不应该得到什么奖励的。"梅子的话让我更加惊讶，我暗想，梅子的姿态一定是伪装出来的，她内心一定也觉得不公。但接下来诸如此类的几次奖励中，虽然依然都没有梅子，但梅子每每总是满脸笑容地祝贺着获得奖励的同事，而且在此后的工作中，她也总是一如既往地努力着，丝毫见不到她的别样情绪。这让我不得不确信梅子是一个缺少嫉妒心的人。我进入公司大约半年后，老部长要退休了，就在大家猜测着新部长会是谁时，在老部长的推荐下，只有 26 岁的梅子成为新部长。所有人都很诧异，包括梅子本人。老部长解释道："梅子年纪不大，但不嫉妒别人，世上不嫉妒别人的人不多，这样的人更能够公正公平地处事。"

不嫉妒他人，这该是怎样宽阔的胸襟，怎样磊落的情怀。而越宽阔的胸襟才能够越多地吸纳向往的脚步，越磊落的情怀才能够越多地吸引追求的目光。从梅子担任部长那天起，我懂得了一个道理：如果我们真的别无优势，那就努力让自己不嫉妒别人，这样，一样可以收获海阔天空的美丽。

## 与你共品

当一个人正遭遇希望破灭、事业失败或者生活落魄，而正好身边的人又一切称心如意、蒸蒸日上的时候，最容易使人产生羡慕；羡慕不能得到及时满足和排除，就容易转化为嫉妒；如果嫉妒仍然得不到有效疏导，就上升为憎恨了。

嫉妒是一种常见的心理，但它应当受到鄙视。诗人说：嫉妒是心灵上的肿瘤。嫉妒心强的人，看到的总是别人超过自己的地方，想的总是怎么看别人的笑话。这种人事事是烦恼，处处是敌人，很难舒舒坦坦地生活，扎扎实实地进步。

# 如果没有那只鸟

乔叶

我是个很容易急躁的人，婚后，在许多琐事上，我都习惯与林镏铢计较，争吵不休。

一天下午，下班回到家，我打电话告诉林，让他在下班的路上捎几个馒头。他回电话说没问题。

天渐渐地黑下来，我把粥和菜都已经做好了，可是他还没有回来。

我有些担忧，又有些生气。

终于听到了门响。他回来了，两手空空。

"馒头呢？"我的怒火升腾起来。

"没买。"他的脸色居然很平静。

"你让我怎么打发今天晚上这顿饭？为什么总把我的话当耳边风？"我气愤地嚷道。

林一直没有作声。等到我发作完毕，他才走到我的身边，小心地卷起了衣袖——他的胳膊上居然缠着一层厚厚的纱布！

我吃惊地看着他！

"下班的路上，我被一个骑摩托车的人撞伤了。那个人跑掉了，我只好自个儿去医院包扎。口袋里的钱全部都交了医药费，所以就没有钱买馒头了。"林不动声色地解释着。

我捧着他的胳膊，想起自己刚才的蛮横很愧疚，好久说不出话来。

"很疼吧？"我终于问。

林摇摇头："其实我很庆幸。"

"庆幸？"

"是的，我一直庆幸撞倒我的是一辆摩托车，而不是一辆卡车。否则，我连听你骂我的机会都没有了。"

我的泪水一下涌了出来，一瞬间，我忽然想起了曾经读过的一个故事——

一雌一雄两只鸟共同生活。冬天到了，雄鸟每日辛辛苦苦地出去捡果子以备过冬。他终于捡了满满一巢，可是过了不久，他发现果子忽然少了。雄鸟责备雌鸟："捡果子多么难啊，你居然一个人偷吃了许多。"雌鸟辩解说："果子是自己少的，我没有偷吃。"雄鸟不相信，并为雌鸟无力的辩解感到十分生气，便啄走了雌鸟。后来天下了大雨，风干萎缩的果子被雨水泡得胀大起来，又成了满满的一巢。然而此时只剩下雄鸟在整日哀啼："雌鸟啊，你现在在哪里？"

当时读了这个故事，并不是十分在意，似乎也不大明白故事的意思。但是现在，我突然顿悟了。

不要说一巢果子，就是一树果子，一山果子，一世界果子又有什么意义呢？如果没有了那只鸟。

同样，不要说几个馒头，就是一桌佳肴，一身丽服，一幢华屋，一身金饰又有什么意义呢？如果，如果没有了那个人。

从此，遇事我学会了冷静。

因为我知道：有时候误会的代价是很昂贵的，昂贵得让我们一生都承载不起。有时候看似粗糙的一个手势，就会埋下一种命运的沉痛。

## 与你共品

急躁也是一种情绪化的性格弱点。急躁的人往往没有耐心，缺乏忍耐和韧劲，急于表达而不善于倾听。因为急躁，所以容易冤枉别人，容易产生误会，而当事情真相大白自己后悔莫及的时候，已经在不知不觉中深深地伤害到别人了。

急躁和雷厉风行是不一样的，前者毛躁粗糙，后者果断精细，前者是不问青红皂白的鲁莽，后者是说一不二的刚毅与效率。努力培养耐心，学会倾听和等待，凡事不急于责怪，弄清事情原委之后再发表意见，是避免急躁、走向成熟的有效途径。

第三章

# 健康心态，成功人生——调整心态

## 关键时刻

张小失

初学打保龄球，我不时能碰个满分——有一次我连续两球都击倒了 10 个瓶，致使旁边的陌生看客还以为我是"高手"。

可是，随着经验增加，我很少能碰上满分了，而新来学打球的朋友却不时能碰个满分，就像我当初一样"辉煌"，这使我很不解。于是我就观察他们，发现他们很放松。新手完全把打球当作游戏，不在乎成败，嘻嘻哈哈地"玩"而已。只要他们稍微掌握一点儿"感觉"，偶尔就能把球扔在一条恰当的轨道上。他们更注意前方的 10 个瓶，而不在乎手上的球，正是这种心态，让他们能碰上好运。

而我的精力是分散的：我不仅关注前方的 10 个瓶，还在意手上球的运作，当我的意识在这两点间徘徊时，差错就随时可能出现。

更显著的是：当第一球打倒 9 个瓶，只剩下最后 1 个时，人们的失败率往往最高。我发现，面对 10 个瓶时的心情，比面对 1 个瓶心情要放松得多——在保龄球场上，这是最常见的"关键时刻"，面对这 1 个瓶，投球手往往最紧张，精力最集中，但是，这通常导致他连续失败。

看出"道理"之后，我决定放松自己。无论面对 10 个球还是 1 个球，我都不认为它们很"关键"，而是保持一颗平常心。看准瓶后，尽量平稳地把球扔出去——虽然不能次次得高分，却保持了总分与我的水平相当。特别是面对处理最后 1 个瓶时，这种心态减少了我的连续失败。

我们在观看奥运会之类的竞赛时，常常会遇见名将在"关键时刻"落马，那个一败涂地的分数有时会令旁观者哀叹、愤怒。通过打保龄球的经验，我是能够理解这种现象的——他们太"在乎"所谓的"关键时刻"了。其实，只要把这个"关键时刻"调到前面去，我相信他们会发挥得很正常，甚至很优异；只因这"关键时刻"是"最后一刻"，在他们的内心产生巨大波澜，导致肢体感觉和思维判断失衡，进而落得失败的结局。可惜的不是他们没有本事，而仅仅是因为内心波动导致这个结局。

如果将这个道理推及到我们的生活，我想，即使面对人生最"关键"的时刻，我们也不妨轻松大度一点儿，为了避免那不必要的失败。在同样的情境中，能保持内心平静的人，最容易接近成功。

## 与你共品

在成败得失的最后时刻，在决定命运的紧要关头，心理的变化似乎在所难免，但一定要学会自我调适和控制。面对人生路上的一个个"关键时刻"，不妨轻装上阵，以一颗平常心认真对待每一次挑战，就会避免紧张带来的失败，将自己的能力发挥到应有的水平。

其实，人每天都是在面临不同的考试，不仅考你的能力，而且考你的心理。许多人不是没有本事，而是一到展示的时候就乱了方寸。用健康良好的心态迎接大大小小的考验，即使到了关键时刻也会气定神闲，健步如飞。

# 今生最年轻的一天

### 张丽钧

母亲总鼓励我穿红戴绿。她曾饶有兴味地指着一件让我看看都觉得怪不好意思的衣服，鼓动我说："买下来吧，你穿上准好看！"她的声音是那么大，手指坚定不移地指向那件衣服。一时间，我觉得整个商场的人都把怪异的目光投向了我们。

我怀着比在大庭广众之下穿上了那件极不适合我的艳丽服装还要感到羞辱的心情，拖着母亲快速离开。然后有些气恼地对她说："我都多大了！那么艳的衣服，我怎么能穿得出去？"可母亲却不以为然，她高声教训我道："今天，就是你这辈子最年轻的一天，你再也过不着昨天了。明天的你就比今天老了，后天呢，你又比明天老了。你还不赶紧趁着今生最年轻的一天穿点漂亮衣裳！"

今生最年轻的一天？好奇怪的说法！但仔细想想，可不是嘛，每个人都在过着他今生中最年轻的一天。昨天比今天光鲜，只是昨天已然逝去。那些花一般的笑影，跌进时光荡荡的河里，永远不肯再回来照耀我们此时黯淡的心境。昨天的美丽羁绊着我们的手脚。恍惚中，竟以为可以等，以为在明天的某一方光影里可以镶嵌进一轮迷失于昨天的太阳，其实，怎么可能呢？开弓的箭永不可能回头。而那呼啸着向前的，正是箭一般的光阴啊！

想起了那个名叫胡达·克鲁斯的老太婆，在自己 70 岁的生日宴会上，她突然发现了自己正在享受着一生中最年轻的一天。她问自己：究竟，我还可以再去做点什么呢？在这样的自问中，她惶恐地发现自己的人生有一个很大的空白，她居然未曾尝试过冒险登山！于是她毅然拖着自己在别人看来已是老朽的身体去亲近高山险峰。此后的 25 年间，她一直在全力填补着自己的人生空白，终于在自己 95 岁那年，她登上了日本的富士山，打破了攀登富士山的攀登者最高年龄纪录。

我有点儿怕，怕自己笨拙的手抓不牢今生最年轻的一天！

在这最年轻的一天里，我希望自己微笑着面对镜子里的那个影像，欣赏她，悦纳她，不挑剔她眉宇间岁月的印痕；我希望自己在可以表达爱的日子里，细腻温婉地向所爱的人传达爱的信息，语言动听，动作轻柔；我希望自己永不熄灭攀登灵魂巅峰的渴望；我希望自己保持孩童般神圣的好奇心，将大自然引为爱侣，永不减损端详一朵花时内心的无比悸动与无限怜惜；我希望自己保持敏感——对善意，对真情，对文字，对艺术，不因阅尽了人生春色就无视春色，爱着，感动着，朝前走。

母亲，感谢你提醒我今天是我最年轻的一天。我下定决心在这最年轻的一天里穿起艳丽的衣裳，更要以艳丽的心情，捧给自己和所爱的人一个艳丽的人生。

## 与你共品

人，尤其是女人，不要总以为自己年华已老，只需拥有一颗不老的心，其实每一天都是年轻的。为什么要掩埋自己呢？大胆展示自己独特的拥有，发觉"今天"的力量和美丽，走向无穷无尽的创造。

心态与年龄没有直接的关系。年轻只属于青年人，而青春可以属于每一个人。只要你愿意，青春的尾巴总可以抓住，招摇的花裙，甜美的歌唱，甚至微笑时的皱纹，都是青春的见证。而不服老的人总是年轻的——岁月既然不饶人，人又岂能轻饶了岁月？

# 第600名

陆勇强

杭州举行了一场横渡钱塘江的游泳比赛，有600位市民报名参加。对于这次比赛，杭州的媒体十分关注，纷纷派出记者进行采访。现场更是吸引了成千上万的市民前来观看。

比赛按时进行，600位参赛者跃入钱塘江，奋力向对岸游去，人人都想争得第一。

很快，这600位选手拉开了距离。

但是，其中有一位选手却游得慢吞吞的。其实他的泳技不错，已经处在第一方阵了，但当他看到身后还有泳者时，他开始在原地仰面漂浮，再也不愿前行一米。

许多选手争先恐后地超越他而去，而他却心平气和，仍然在清清的江水中慢慢游着。

他慢慢掉队了，已经处在最后一个方阵了，但他身后还有泳者。他游到终点附近，又开始慢吞吞地游，好像在等后面的选手。

救援艇注意到了他，开过去，问他是不是需要帮助，他微笑着摆摆手。

救援艇就停在离他不远的地方等着他。艇上的救援人员实在不知道他为什么不上岸，不让自己的名次靠前些。

终于，他后面的所有泳者都游到了终点。此时，他奋力游到终点，上岸，高兴地喊："噢！我是第600名！"

原来，他之所以不上岸，就是为了得到这最后一名，第

600 名。

现场的媒体记者和观众，都觉得这位中年人很有创意。

中年人一直在笑，他对记者说："我就是冲着这第 600 名而来的，现在终于如愿以偿。"

他说在江里等待成为这最后一名时，他仰面漂浮着，看着钱塘江上空美丽的云朵，真的十分漂亮。

这次横渡钱塘江大赛，很少人记得前三名是谁，但是，大家都知道，最后一名，是一位快乐的中年人。

## 与你共品

结果固然重要，但过程也很精彩，在经历了太多的竞争和比试之后，不妨偶尔放下剑拔弩张的架势，以完全轻松的心态享受过程的快乐，不为名利所累，不为结果和名次而战，只为享受那一缕阳光的快乐，体验那一朵白云的悠闲。

一张一弛，文武之道，一紧一慢，生活之境。该奋斗时马不停蹄、勇往直前，该休息时放松神经、尽情享受，在竞赛的舞台竭尽全力，在休闲的场所重在参与。懂得调节的人生才是丰富而快乐的，而那些在任何地方都要永远得第一的人不仅活得很累，而且会败得很惨。

# 心 障

喊雷

逢寒暑假，他都要去名山大川写生作画。

这一次，他来到堪称胜景的搔耳山。面对眼前的悬崖峭壁、参天古木、飞瀑流泉，他不禁喜出望外，当即在此支起简易帐篷住下来，日出而作，日落而归，作画不辍，流连忘返。

近日，他注意到巍峨的西峰峰巅是搔耳山最早沐浴晨光的地方。在那里画日出，无疑是最佳选择。

这天拂晓，晨光尚浓，他就背上画夹，直奔西峰而去。

走着，走着，忽闻，潺潺流水声。原来是一条小溪挡住了去路。溪宽数尺，奋力一跃，似乎可以越过；入溪水，似乎可以涉过。然而晨雾朦胧，数尺之外，土石草木皆影影绰绰，虚实莫测，他不敢贸然过溪。正犹豫间，见身旁有被雷电劈断的数株松柏，便用以搭桥。并列三五根树干后，尺余宽的小桥铺成。如是，过溪便无惊无险，如履平地了。

由于一路顺风，时间充裕，他赶在日出之前登上西峰，一幅搔耳山日出的水彩写生，转眼间就完成了。

待朝阳驱散山间雾霭之后，他欣欣然哼着小调蹦蹦跳跳地沿原路下了西峰。

当他来到距小溪十来步远处，不由得笑了。他笑自己太胆小了，眼前的小溪太微不足道了。

它宽不过一大步——抬腿就能过去，可他今天清晨居然还在溪上架起桥来。真是多此一举。

　　然而，待他走到他架设的小桥旁，正要抬腿走回去，却怎么也笑不出来了。他怔住了，倒吸了一口凉气：乖乖，这腿下边哪儿是什么小溪？这里原来是搭耳山东西两峰之间的一线天哪！

　　他不由得倒退了一步，又一步。

　　被他惊慌的双脚碰滚下去的石头，过了几分钟之后，坠落谷底的响声才传上来！

　　他不由得又倒退了一步，又一步。

　　他呆呆地看着"小溪"上平铺着的树干，看着树干上面他今天早晨大步走过时的脚印……然而此时，他不仅未能从这座桥上走回去，而且连在这儿多站一会儿，多看一会儿的勇气也没有了。

　　因为他的双腿一直在不由自主地颤抖。

## 与你共品

　　人生最难跨越的障碍在哪里？在心间，心障也许是最难跨越的地方。心间的障碍首先自己否定了自己，自己给自己架起了一道难以逾越的障碍，这道无形的障碍会把你抬起的脚步收回，让你深深地吸一口凉气，冷却自己的心。所以，不要过多地去增加事情的难度，勇敢地闯过去，也许就是一片新天地。

　　心障是自己给自己设的一道关卡，超越它，就会勇往直前，无所畏惧。

# 大处精明

蒋平

看过一则笑话，说的是一位老人，有人问他："如果生了病，你会去看医生吗？"老人回答说："我会的，因为医生要吃饭。"人们接着问他："如果医生给你开了许多药，你会买吗？"老人回答说："我会的，因为药店老板也要吃饭。"人们就再问他："你会把这些药都吃了吗？"老人则说："我会尽量扔掉它们，因为我要活命。"

笑话归笑话，其间却包含了深刻的医理和做人道理。医理就是人吃五谷生百病，打从娘肚子里生下来开始，就是一个与药打交道的人。做人的道理就是生活别太精明，因为大千世界人性相通，作为生活中的一分子，每个人的经历、遇到的事情以及心理状态甚至处理问题的想法，都有着某种共性。往往你在精打细算时，人家也会在对面与你一样思前想后。这样的情况下，总得有一方需要作出让步。

有时候，对生活的算盘打得过于精细，表面上看得到了暂时的好处，而实际上丧失的往往是更好的机遇。从心理学角度讲，人们也不喜欢与过于精明的人交往，为啥？怕被算计呀。美国哈佛商学院 MBA 生涯发展中心主任詹姆士·华德普与提摩西·巴特勒博士，受命协助那些明明被看好，却表现不佳，甚至被炒鱿鱼的主管，他们总结出精明人的 12 种致命缺陷，其中列首位的就是"非黑即白看世界"。这里面的非黑即白，就是觉得一切事物都应该像有标准答案的考试一样，习惯客观地评定优劣；他们总觉得自己在捍卫信念，坚持原则，但是这些原则和信念，别人可能完全不以为然。结果，他们总是孤军奋战，常吃败仗。

人生在世，原是一种删繁就简的过程。许多时候讲的是大智若愚，谋的是长远，是抓大放小。大事不糊涂，讲究的是一门放长线钓大鱼的学问，这其间的价值，眼前是根本无法算出来的。

做人不能不精明，而这种精明更多的是保持一种放眼长远的健康心态。那些每天抱着一把小算盘，眼盯着每一场买卖死缠烂打的人，就算终生不出一点儿差错，也清点不出个完满人生。

## 与你共品

精明是一种收放自如的智慧。锱铢必较的人是小气不是精明，精明的人不会盯着眼前的蝇头小利；爱占小便宜的人是市侩不是精明，精明的人知道掂量轻重取舍；从不吃亏的人是要强不是精明，精明的人常常用吃亏来换取更大的回报。

真正的精明是大智若愚的聪慧，是难得糊涂的洒脱。为人要讲原则，无功不受禄，不占便宜，做事不死守教条，懂得变通，知道与时俱进，用良好的心态健康地生活，兼顾眼前又立足长远，才是聪明人。

# 性情取胜

王发财

他从小就是个安静害羞的孩子，谦和低调。虽然他也有着和同龄孩子一样的梦想，希望通过短跑竞技来改变家庭贫穷的境地。但由于低调谦卑的个性，在外人看来似乎很不适合在挑战性的体育竞技方面有所成就。

有一次，哥哥带着他在田径跑道上练习。看他训练表现一般，就劝他说："弟，你跑得也太慢了，我看你真的不适合短跑，还是考虑去做其他的事情吧。"

他当时听后，并没有表现出什么失落的情绪来，而是友善地笑了笑说："哥哥，没人知道一个人到底可以跑多快，我相信自己。"

虽然随后的几年里在短跑比赛上未取得过什么辉煌成就，但他仍然怀揣着梦想每天一如既往地锻炼。

一天，有人看见他远远地跑过来，就嘲笑他说："哈哈，快看，世界短跑冠军来了！世界短跑冠军来了！"

面对人们的嘲讽和奚落，他并没有像有些暴躁之人一样，对他们吹胡子瞪眼睛，甚至大打出手。他平静地向那些嘲讽者说："谢谢各位夸奖啊！"并且小跑过去和那些嘲讽者一一握手。后来，这位出生于加勒比海岛国牙买加的穷小子，凭借坦然的心态和不屈的韧劲，在 2005 年 6 月份举行的国际田联超级大奖赛上不仅获得了冠军，还以 9 秒 77 的成绩打破了世界纪录，成为男子百米世界飞人。他就是世界短跑名将阿萨法·鲍威尔。

鲍威尔回忆说："我遇事低调、平静的性格，不仅让我在奋斗中充满动力，而且还帮助我度过无数艰难时光。记得小时候因一些外部条件，邻居和家里人对我从事短跑事业并不看好，甚至横加指责。我在那种恶劣的环境和氛围中之所以能够坚持下来，是因为我始终能用一种平和的心态来控制自己狂躁不安的心情，以使自己不受环境的影响而全身心地投入到我所追求的事业中去！"

一个人的性情决定命运，心里太在乎成败得失和别人对你的评价，就很容易使情绪陷入波谷，目标出现偏差，最终使自己脱离正确的人生轨道。如果我们在做人与处事上能像鲍威尔一样，始终保持一种谦和平静的心态，意志坚定地向目标迈进，我们也会走向成功。

## 与你共品

只有拥有平和的心态，才会拥有精彩人生。

拥有平和的心态，才能正确看待自己的得失，才会使我们不会长久沉浸在失败的阴影中，也不会让我们在成功之后得意忘形。平和，不仅是一种优良的品性，更是一种处世智慧。名利地位，荣辱得失都能坦然处之，这种宠辱不惊的平和心态会让你更专注自己热爱的事业。平和是金，平和让你可以享受到更多生活带来的快乐，因为你不会因为一花的凋零而哭泣。

# 来自拇指的救赎

张丽钧

那天是周日。我独自一人走在大街上，想着烦乱不堪的心事。

被一个莽撞的男孩撞了一下。我不快地看着他，他的目光中有深深的歉疚。我想他应该说声"对不起"的，便把一个敷衍的"没关系"预备在了唇边。想不到他突然冲着我笑起来——很惊喜的，像意外认出了老朋友一样。我慌忙在大脑的"内存"中查找这个男孩的脸像，但是，没有。我惶惑地问："认错人了吧……你？"他不说话，居然开始对我打手语！过往行人有的索性站住了，看这场戏究竟要怎么演下去。情急之下的男孩掏出手机飞速地按键。拼写完毕，他把手机递到我面前，只见上面写着："老师，你不认识我了吗？我是聋哑学校高三（2）班的学生。9月25日国际聋人节那天，你和你班的学生到我们学校来联欢，我就是用身体摆字母'B'的那个男生。"我如梦初醒！马上学了他的样子，掏出手机，在上面拼写道："咱俩真是有缘啊！请原谅我没有认出你，因为那天时间实在是太短了。不过，你胳膊腿并用摆出的字母'B'给我留下了非常深刻的印象！你好吗？同学们好吗？欢迎来我们班做客！"那个男生欢快地笑着，在手机上拼写道："我很好，同学们也很好。我们常常回忆起和你班同学联欢的情景。我盼望着再次和你班同学做'两人三足竞走'，盼望着再次教他们用手语演唱《感恩的心》……"看热闹的人只看见我和男孩频繁地交换着手机，表情愉悦，春风满面，但他们猜不到我们之间到底发生了什么。

握别了那个男孩，我的心被温柔攻陷了。

我想，上帝一定是在天上看到了愁眉不展、埋头赶路的我，便派了这个带着故事的男孩来撞了我一下。这一撞，撞跑了我的烦闷忧悒。我想起了在那个特殊的日子里，那些在我看来最应该愁眉不展的人在我面前放飞的快乐，想起了《感恩的心》中"感恩的心，感谢命运，花开花落，我一样会珍惜"的手语表达。哦，这个被命运亏待的男孩，这个不会用语言说出"对不起"的男孩，这个因认出了我而万分惊喜的男孩，这个为了曾在我面前用身体成功地摆出了字母"B"而得意非凡的男孩，他在撞了我之后就救赎了我一颗烦乱不堪的心啊！

终于明白，原来，我的心是可以转换的频道，凄恻晦涩的台词并不是非听不可的，只要有一个慈悲的手指轻轻点触，我就可以倾听亮丽明艳的歌吟。

## 与你共品

我们的心间有很多频道，快乐、悲伤、忧郁、感恩，等等，当我们沉浸在悲伤忧郁之中时，别忘了转换频道，在另一个天地里活出快乐的自己。

整天的忧伤会给你脸上布满阴云，会让你的情绪低落到极点，会带走你所有的快乐，甚至会逼得你发疯，生活处于一片混沌之中，看不清自己的方向，看不见一个清晰的自我，沉沦，再沉沦。可是，如果你及时地转换了心间的频道，慢慢地，忧伤会一点点退去，幸福快乐的感觉会慢慢走来，你又会找回自己，并将开拓一片新天地。

待人处世篇

# 第一章
## 在心里种下善念的种子——与人为善

## 微笑的价值

鞠远华

小梅一家住了十几年的平房，今天终于要搬到高楼里住了。"去看看新家"，尽管那是座旧楼，小梅仍然掩饰不住心中的美意。

一脚踏进闷热的电梯间，小梅的高兴劲儿减少了一半：一张破旧的桌子将电梯间一分为二，桌子后的高椅子上坐着位四十多岁的冷面电梯员。看着那张冷脸，小梅另一半的高兴劲儿也消失无踪，顿时感到气温似乎在零下。"几层？"冷冷地。"9层。"小梅想缓和一下气氛，赶紧露出一个微笑，"阿姨，您的工作挺辛苦的，这么热的电梯间。""可不是吗？"电梯员冰冷的脸开始融化，"这么小的地方，就这么个小电扇，一坐就是6小时……姑娘，9层已经到了。"电梯员竟然也微笑着提醒她。

小梅忽然发现自己的心情又好起来了，看来，一个微笑再加上一声问候就像一股清流，瞬间就可以温暖人与人之间陌生的心灵。

后来乘电梯时，小梅和电梯员聊得更多，更亲切了。一天，小梅同几个装修工带着木料来到电梯前，一比画，木料放不进去。"小梅，来，把我的桌子和椅子搬出去，你再把木料一斜，就能放进来了。"电梯阿姨看来很有经验，果然一切顺利。木料运送如此之快，邻居禁不住问小梅："你们是怎么把木料运上来的？""电梯呀！""啊？我们同样的木料，电梯员说，'这个太长了，电梯里放不下，你们走楼梯！'9层啊，我们一层层爬楼梯扛上来的！"

小梅心里知道这是怎么回事，一张冰冷的脸需要用微笑和温暖的问候来融化。

现在的社会，竞争越来越激烈，生活节奏越来越快，人们只顾着忙乎自己的事，已经很少关心别人了。这种情况下，人们的内心深处更需要他人的理解和关怀。此时，给他们一声问候和关心，满足了他们情感上的需求，他们就会用热情来回报你。

有此真经，小梅在单位见人就微笑，打招呼、问候，小梅的人缘也就越来越好，用一句时髦的话说就是"人气急升"，而这一切都归功于微笑。

为什么小小的微笑在人际交往中有如此大的威力？原因就在于这微笑背后传达的信息："你很受欢迎，我喜欢你；你使我快乐，我很高兴见到你。"

有位诗人说："我最喜欢的一朵花是开在别人脸上的。"

微笑是盛开在人们脸上的花朵，是一个人能够献给渴望爱的人们的礼物。当你把这份礼物奉献给别人的时候，你就能赢得友谊，还可以赢得财富。

中国有句古话："人不会笑莫开店。"

外国人说得更直接："微笑亲近财富；没有微笑，财富将远离你。"

纽约大百货公司的一位人事经理曾这样说："我宁愿雇用一名有可爱笑容而没有念完中学的女孩，也不愿雇用一个摆着扑克面孔的哲学博士。"

希尔顿大酒店的创始人希尔顿先生的成功，也得益于他母亲的"微笑"。母亲曾对他说："孩子，你要成功，必须找到一种方法，符合以下四个条件：第一，要简单；第二，要容易做；第三，要不花本钱；第四，能长期运用。"这究竟是什么方法？母亲笑而未答。希尔顿反复观察、思考，猛然想到了：是微笑，只有微笑才完全符合这四个条件。后来，他果然用微笑打开了成功之门，将酒店开到了全世界的大城市。

难怪一位商人如此赞叹："微笑不用花钱，却永远价值连城。"

对我们每一个人来说，微笑轻而易举，却能照亮所有看到它的人，像穿过乌云的太阳，带给人们温暖。

让我们微笑吧，微笑着面对生活，面对周围的人。

每天早晨上班前对你的家人微笑，他们就会在幸福中盼着你的归来；上班时向门卫微笑着点个头，他会友善地还你一个欣赏和尊敬的微笑；每天遇到同事主动微笑，打个招呼，你也会人气急升；开车并线时，摇下车窗，向侧后面司机点个头，微笑一下，还有人会不让你吗？

餐厅里吃饭时，服务小姐倒完茶后，微笑着对她说声："谢谢你。"尽管那是她应该做的工作，可是，她会觉得你的微笑和问候是额外的褒赏。

当每一次奉献出微笑的时候，你就在为人类幸福的总量增加了一分，而这微笑的光芒也会回照到你的脸上，给你带来方便、快乐和美好的回忆，何乐而不为呢？

## 与你共品

成功学大师卡耐基说，笑是人类的特权。的确，微笑是一个人最好的名片，是一朵盛开在脸上的灿烂的鲜花。真诚的微笑是美好心灵的绽放，是善良派来的使者。它能让人永葆青春、收获快乐，能融化冰霜、化解敌意，能得到尊敬、聚集人气，能创造财富、成就人生。

微笑是最廉价的投资，它几乎不需要成本，却能带来意想不到的收获；微笑是最具杀伤力的武器，再大的仇恨，只要心是微笑着的，就能化干戈为玉帛，相逢一笑泯恩仇。学会微笑，就懂得了一半的人生。

# 早班车厢里的故事

佚 名

　　20 年前，我们这帮地位低下干着粗活的建筑工人每天去挤早班车，半睡半醒的我们把蓬乱的头蜷缩在脏兮兮的衣领里面，阴沉着脸，互不搭理。

　　一天，一个陌生的家伙加入我们中间。大家懒得多看他一眼，他上车时先和司机打招呼："先生，你好！"在他就坐之前又转身朝后面的我们友好地笑笑。司机毫无表情地点点头，其余的人态度冷漠。

　　第二天这个家伙情绪高昂地跳上车。他笑容满面地问候："各位早上好！祝大家一天都开开心心！"我们这帮粗人对此感到诧异和莫名其妙，我们中的两三个人愣愣地看了他一眼，不情愿地咕哝着："好！"

　　第二个星期，我们更惊奇了。这个家伙竟穿上了一套旧式的西服，系着一条同样过时的领带，很明显，他稀疏的头发精心梳理过。他每天都快乐地向我们问好，渐渐地，我们大家也开始偶尔和他点头和搭话了。

　　一天早晨，这个家伙抱着一束鲜花走进了车厢。"一定是送给你女朋友的吧？查利。"司机微笑着问道。其实，我们不知道他是不是叫查利，但这并不重要。查利略微害羞地点点头，说是的。

　　我们这帮人热烈地鼓起掌来，有的还吹起俏皮的口哨。查利鞠躬表示谢意，然后又把那束花高高举起，像芭蕾舞演员一般优美地转了几圈，然后才坐到位子上。我们大家都看呆了，掌声再次响彻车厢。

从那以后，每天早晨，查利都要带一束鲜花上车。鲜花把车厢装点出一抹亮色，我们的心情也变得轻松愉悦起来。慢慢地，我们中的有些人也开始带花插入查利的那束花中。大家互相推搡着笨拙慌乱地把花插进去，黝黑的脸上闪着平常难见的柔情，柔情中又透着明显的难为情。"你好！""你好！""你好！"大家开始笑着互相问长问短，兴致勃勃地开着玩笑，分享着报纸上的各类趣闻。

可是，那个早晨，查利没有像往常那样出现在他等车的老地方。一天、两天、三天过去了。我们猜想他是不是生病了，或者，往好的方向想，他休婚假了。

星期五那天，我们几个人来到查利每次下车后走进去的那家公司，并让司机等我们一会儿。走进那扇大门时，我们每个人都很紧张。

"我们公司没有叫查利的，但从你们描述的情况来看，他应该是我们公司的清洁工人戴文。"接待室的人告诉我们，"但是最近几天，他有点儿事没有来公司上班，不过你们放心，他很好。"很多天以后，在老地方，我们果真等来了查利。看见他我们都很高兴，热情地上前拥抱他，有的人甚至快要哭了。这个原本与我们格格不入的家伙，却给我们这些情感粗硬麻木的建筑工人带来了柔情，用他的鲜花和微笑唤醒我们内心深处最柔软的东西，让我们学会了传递关爱和快乐，也懂得了分担悲伤和痛苦。"我的一位朋友去世了。"查利说，神情很伤感。此时，我们也都缄默无语了，每个人的眼睛都潮潮的，紧紧握住查利的手。

那一刻我才知道，人与人的情感是一样的，它高贵，温暖，柔软，不能因为生活的艰苦、状况的不堪就忽略它的存在，那些快乐、悲伤、友好、爱情……

我们的手，紧紧地握住了查利的手。

## 与你共品

人心都是一样的，不分地位高低、财富多少，都渴望交流，都渴盼快乐。即使由于生活的重压或短暂的悲伤而无暇顾及眼前的欢笑，但在内心深处压抑的情绪终究需要得到释放。

善良会生根，快乐会传染。在自己心里种下真诚乐观的种子，把善良和快乐带给别人，热情会融化冷酷的冰雪，春水会滋润柔软的嫩芽。只要你是真诚的，是善意的，是快乐的，无论何时何地，无论是熟悉还是陌生，那种不带任何目的的最纯粹的情感一旦来临，任何人都不会拒绝，一生也不会忘记。

## 渺小的英雄

顾晓蕊

那年夏天，8 岁的我加入了少先队。我至今仍记得第一次佩戴红领巾的情形，鲜艳的色泽点亮我的眼眸，稚嫩的小脸笑成一朵向日葵。

老师说，红领巾是无数英雄的热血，幻化成梅，开出的朵朵艳红。她给我们讲起雷锋的故事，从那时起，我就梦想着做一箩筐的好事，成为同学眼里的小英雄。

早晨起床，梳洗完毕后，我从书桌上拿起红领巾，在颈前系一个美丽的结。而后，匆匆地扒拉几口早饭，背起书包往学校跑。可每次当我赶到教室，苏小曼已经在打扫卫生了。

飞扬的尘土弄脏了她的脸，汗水顺着脸颊往下淌，她回头冲我笑笑，露出细白的牙。我撇撇嘴，心想："她家离学校近，当然来得比我早，这没什么了不起。"

英雄应当做些"大"事，于是，我开始转移"战场"。经过一段时间的观察，我把目标转移到学校附近的露天影院。每隔几个月，那里会上演一场电影，电影结束后地面上扔满瓜子皮、花生壳、旧报纸等，看上去一片狼藉。

盼星星，盼月亮，终于盼来了表现的机会。星期天晚上播放电影《小兵张嘎》，节目结束后，我拿起早就准备好的扫帚，借着皎洁轻柔的月光，开始打扫脏乱的地面。

我听见有人小声地议论："那个戴红领巾的孩子，挺懂事的。"我的心跳开始加速，东望望，西望望，脸红得有些发烫。

放映员叔叔走到我面前，笑眯眯地问："小姑娘，你叫什么名字？"

我歪着头想了想，说："我是育红小学的学生，我的名字是……红领巾。"说罢，一溜烟地跑掉。胸前的那团红像猎猎旗帜，在夏风习习的夜晚迎风飘扬。

接下来的几天，我开始留意校广播站的节目，广播站经常利用课间播报好人好事。

校园里传来清脆的声音："同学们请注意，现在播报一周好事。"我屏住呼吸，紧张得掌心渗汗。"昨天下午，苏小曼同学在上学的路上捡到了 10 元钱，交到了教导处……"

"唉，她怎么那么走运。"我有些酸酸地想。这时小胖拖着鼻涕来问我数学题，我不耐烦地把他撵走。苏小曼喊住了他，热心地帮他演算。

隔了几天，学校组织学生检查视力。苏小曼走在我前面，显得有些心神不宁。

老师点到苏小曼的名字，她的眼睛瞥向脚尖，站成一棵静默的树。我们齐刷刷地看着她，意想不到的事情发生了。

"我的左眼，看——不——见。"她白皙的小脸憋得通红，蹦出一句话。教室里顿时炸开了锅，同学们叽叽喳喳地议论着。

老师走到苏小曼面前，轻轻地抱了抱她，大声说："苏小曼家境困难，视力不好，但她乐于助人，拾金不昧，有一颗善良的心，是我们班的小英雄。"掌声和欢呼声响起来，鸽哨般在教室上空盘旋。

听了老师的话，我细细地打量着苏小曼。她的衣服上缀着各色补丁，黑色的棉布鞋磨得咧了口，可是，瘦小的她如凌霜的蓓蕾，努力地绽放，芬芳了许多人的心灵。

在她柔弱的外表下，有着怎样坚强而乐观的心。"苏小曼，谢谢你，你是好样的。"我在心里默默地念道。

其实，英雄往往平凡而渺小，只不过他们具备一种品质：用快乐的心态去生活，真诚地对待他人。

## 与你共品

英雄都是平凡的。生活不像电视剧，没有那么多高潮。熟悉平凡的人物，点点滴滴的小事，日积月累的坚持，理所当然的决定——不知不觉英雄就产生了。英雄都是快乐的，因为他们善良。善良的人做事只在乎自己那颗善良的心，不在乎其他。所以，当他们得不到回报时不会感到失落，当他们遭受误解时会问心无愧，当他们受到伤害时仍会对自己的选择无怨无悔。

英雄不会永远被鲜花和掌声供奉着，如果读不懂平凡的寂寞和善良的代价，就再修炼修炼吧！

## 一杯热水赢得的朋友

陈 敏

元宵节的时候，天南地北的朋友发来很多短信，其中有一条是孟凡非的。

孟凡非是个二十出头的男孩。在此之前，我也常常接到他的电话，没有新话题，就是翻来覆去地说一些天气好不好、身体如何之类的客套话。每逢节假日，他都会发短信祝福，亲热地称呼我为姐姐。

其实，我们只有一面之缘。

那是 2004 年的冬天，天很冷，正下着雪，我在单位叫了快递业务，不久来了个男孩，高高瘦瘦，阔大的外套，没有笑容的脸。他自我介绍后，很礼貌地问："可以借用下电话吗？"我说："可以可以。"指给他电话，搬给他一个板凳，还顺手倒了杯热水给他。外面冬风正劲，他也似被狂风裹挟的一粒雪花，跌跌撞撞、费尽力气才到这儿的吧？他那双手，又红又肿，生有冻疮。他说了声谢谢，继续埋着头，把我留在信封上的地址和电话，一笔一画地抄到业务单上。我问："你怎么来的？"他不抬头，说："骑单车来的……"

他帽子上的雪花正在融化，水顺着他毫无褶皱的额头流下来。

他这个年纪本应该还在学堂里读书，可是他已经在为生存奔波了。我翻出电话本，找到非营利机构"北京打工之家"的电话号码给他，让他有了闲暇去那里读书学习，还有电脑上网，全部免费。我与这家机构比较熟，对方主管嘱托我广而告之，我家的装修工人，都知道这个电话。

他接过那张纸条，脸红了一下，低低地说声谢谢，背上旧黑的大挎包走了，消失在茫茫大雪之中。

我过后就把这事忘了。谁知当晚，我收到了他的短信，说："姐姐，来北京一年多了，你是我遇到的最好的人，非常感谢你。"

这几行字，我看了半天。他的感恩让我觉得心头温暖，又有点儿悲凉。我做的不过是最普通的事情，就让他如此感恩。这个在北京大街小巷骑着单车送快递的孤寒少年的心，只需一杯热水便可融化。

当初刚来北京时，我不也一样踌躇地徘徊在街头，看橱窗里自己的影子，莫名悲悯吗？不是一样被大名鼎鼎的采访对象拒绝、嫌我卑微吗？其实，对他的好，是因为自己曾经亲历，"因为懂得，所以慈悲"。

不久，我又接到一个电话，是他从老家打来的。他说在北京生活太辛苦，快递员一年四季在外面风吹雨淋，一个月挣的也不多，于是，他辞职回家，学习充电，然后再思谋找工作。"没有文化很难找到好工作！"他在电话里变得活泼了点。

就这样，我们居然从一面之缘的陌生人，变成了交往两年多的另一种朋友。我记住了他的名字，熟悉了他低沉的语调，知道他一边打零工一边自考，准备开启更美好的人生。

我不禁又想起生命中曾经重要的朋友，在一个城市却日渐疏远，或者去了别的城市，再无联络，或者联络了也是不咸不淡——他们现在做着什么，正在经历什么，都不知道。因为工作太忙、节奏太快、压力太大，在这座钢筋水泥的城市，我们学会了不苟言笑地作息，关闭心房、寂寞生活。于是，我们渐渐从熟悉的人，变成了陌生人。我们甚至忘了朋友曾经带给我们的甜美感受，以为生活就是工作、睡觉、还房贷、考职称，形单影只地走在人流如织的大街上，认为人生这场旅行，原本就该寂寞。

所以，孟凡非的出现，让我感激。这个十分钟内获得的朋友单纯善良，发给我的第一条短信，我至今保留着，提醒自己：时刻保有当初的热情和善意，就是陌生人也能成为朋友，也会给彼此带来更为明媚的风光……

## 与你共品

朋友有两种，一种是交面的朋友，一种是交心的朋友。交面的朋友为的是利益或工作，合作结束后便可能形同陌路，成为熟悉的陌生人；交心的朋友为的是感情与心灵，彼此毫无所求却仍然相互牵挂和崇敬。

成为朋友的方式千差万别，但只要付出真心，以诚相待，以善相处，其他的都不再重要。即使只是一顾之缘、一面之交，甚至再未谋面，也会相互吸引成为知已，纵然远隔天涯之远，仍会冰心在壶，如在眼前。

## 给别人一把钥匙

[美]龙理·戴维士/著 北佳/编译

19 世纪早期，在德国的一个小村庄里，坐落着一个由石墙围起的古老教堂，里面有精美的雕刻，彩绘玻璃和一架华美的管风琴。管风琴向来以宽广的音域和饱满的音色被赋予"乐器之王"的美称。

　　这一天，教堂里正在干活的一位老管理员，忽然听到教堂避难所的橡木门上传来敲门声。他打开门，看到一位穿军装的士兵正站在台阶上。

　　"先生，您可以帮我一个忙吗？"士兵说，"请允许我弹一个小时的管风琴好吗？"

　　"很抱歉，年轻人，"管理员回答说，"除了我们自己的风琴演奏者外，不允许外人弹奏它。"

　　"贵教堂的管风琴闻名遐迩，我远道而来，只为了能亲眼见到它，弹奏它，仅一个小时！"老人犹豫了一下，摇了摇头。

　　"好吗？"士兵请求道，"我的指挥官只允许我请假24小时。过几天我们将开拔到另外一个省，在那里将有一场残酷的战斗。恐怕这是我一生中最后一次机会弹奏管风琴了。"

　　老管理员不情愿地点点头。他打开门，招手让士兵进来，然后从衣袋里取出一把钥匙递给他："管风琴锁着呢，这是钥匙。"

　　士兵用钥匙打开管风琴华丽的琴盖，然后弹奏起来，洪亮的音符如一排排波浪从管风琴金色的音管中翻腾而出。老管理员震撼了，他的眼中闪动着泪花，在门口的长椅上坐下来。

　　不到几分钟，教堂门口已经聚满了附近教区的村民，他们朝里窥视，纷纷摘下帽子踏进避难所来倾听，优美的旋律在避难所回荡了一个小时。拥有天才手指的管风琴弹奏者完成最后一个音符后，双手从键盘上抬起。

　　士兵放下琴盖锁好，当他站起转过身来的时候，惊讶地发现教堂坐满了人，村民们是暂停手中的活儿来听他演奏的。

那个士兵谦逊地接受着人们的称赞，然后从过道中央走过，把钥匙归还老管理员。"谢谢。"年轻人感激地说。

老人起身接过钥匙，"谢谢你！"他一边说，一边握住年轻士兵的双手，"这是我年迈的双耳听到过的最动听的曲子，请问，你叫什么名字？"

"我叫费力克斯，"士兵回答道，"费力克斯·门德尔松。"

老管理员听到这个名字时，眼睛睁大了。眼前的这个士兵，20岁以前就已经是享誉欧洲大陆最著名的作曲家了。老人注视着这个士兵离开教堂，消失在村庄的小路上，他喃喃自语道："我差一点儿没有给他钥匙而错过这支美妙的乐曲！"

给别人一把钥匙，就是为自己的心灵开启了一扇门。常常给予别人一个力所能及的帮助，你或许会获得震撼心灵的回报。

## 与你共品

给人一把钥匙，就是为人打开了一座心灵的圣殿；给人一把钥匙，就是给人开通了通往辉煌舞台的门禁；给人一把钥匙，就是替人清除了回归家园的障碍。

对于心地善良的人而言，为别人提供帮助必须得到回报的想法是可耻的。学会记住别人的好，忘掉对别人的好，正如华罗庚所说："人家帮我，永志不忘；我帮人家，莫记心上。"其实，给人帮助是有"回报"的，这种"回报"不是现实的、物质的，而是心灵的、精神的。你给别人一把钥匙，别人会为你打开一扇门。

# 送给对手的"救命草"

照日格图

　　大学毕业后我去一家杂志社应聘。那是一本企业内刊，由于那家企业名气很大，5个编辑岗位，报名者竟达300多人，其中包括2名应届博士和30余名硕士。看着自己手里薄薄的一张本科毕业证，我的信心几乎要被报名办公室过道里涌来涌去的人潮淹没。和我同去应聘的同学给我打气：咱们都是名牌大学的毕业生，你还发表了那么多作品，不要你都难！

　　笔试过后只有50个人进入面试。杂志社新招的5名编辑也将从这50个人中诞生。面试那天，不到清晨6点我便起了床，穿戴好从同学那里借来的西服和领带，早点都顾不上吃就赶到了面试地点。已经有十几名应聘者在那里等候了。杂志社要求用抽签的方式来决定面试次序。我抽到了24号。一看这是个靠中间的号，我心中暗喜，这个位置既没有第一位面试者那样让人紧张，也不怕评委到最后会困乏，更容易让我发挥出最好的成绩。站在我前面的22号是一个身材矮小、相貌不出众的女生。她穿了一件浅蓝色的休闲装，她素面朝天的样子与细细打扮的女生们和屋内严肃紧张的气氛形成了鲜明的对比。我向她点了点头，她回了我一个浅浅的微笑。我问她是从哪里毕业的？她低头沉默了片刻，小声说："我是从一所大专学校毕业的，是这50个人里唯一的一个大专生。"听说我在全国报刊上发表过几十篇作品时，她立刻投来羡慕的目光，很快目光又转到她手里的《编辑学基础》上。我和她，仅交流过这么几句，然后便在安静得令人压抑的气氛里各忙各的。

没想到面试时间如此之长。时间过去了两个小时，才只轮到 10 号。因为没吃早点，我原本就有慢性炎症的胃开始隐隐作痛。半个小时后我已经不能把精力集中到书本上了，大滴大滴的汗珠从额头上冒了出来。我趴在桌子上稍做休息，可我的胃却不给我任何喘息的机会。疼痛难忍时我把两个拳头握得咯咯响，手中的碳素笔也被折成了两半。

这时，有人轻轻拍了一下我的肩，我抬头一看，是刚才和我搭话的 22 号。她问我怎么了？我说："早上没吃饭，胃病犯了，没事。"然后勉强给她挤出一点儿微笑。她说："下一个去面试的人就是我了，你也该做做准备了，稍微忍耐一下。"我站起来，整理了一下西装，准备去面试。这时门口管理秩序的老师进来了，说："24 号，有人捎东西给你。"捎来的东西被装在一个不透明的纸袋里。监考老师要求我当场打开纸袋。我愣住了，里面是一袋牛奶和一小块面包！不用说，这肯定是 22 号女孩面试结束后给我捎来的。一股暖流立刻布满了我的全身。激烈的竞争下她竟然给我这个对手送来了"救命草"。我咬了几口面包，喝了那袋牛奶，胃疼也好多了。

我的面试成绩非常好，我从众多应聘者中脱颖而出，成了那家杂志的编辑。上班的第一天我看到新招来的 5 个人中竟然有 22 号女孩。除了我是本科生，她是大专生以外，其他 3 个人都是名牌大学的硕士。

那天，我们 5 个在楼下的餐馆小聚。我问起 22 号应聘成功的原因。她笑了，说："比学历、比能力我都不如你们。那天给你送牛奶和面包时，面试团的一位老师刚好出来解手，他手里拿着一大堆资料，看样子他非常着急，说能不能帮他去复印一份回来。我就跑过去复印。回来时，他问我为什么手里提着这些东西，我把情况如实地告诉他。没想到他是杂志社的社长。就这样，我阴差阳错地应聘成功了。"我们笑成了一团。其实我们都知道，她能成为我们同事并非一朝的幸运。她在给我"救命草"，帮那位"陌生人"复印资料的同时拯救了没有任何优势的自己。能长出"救命草"的那一份善良，将她从深深的卑微里拉到了阳光灿烂的地平线。

## 与你共品

善良是一种超越现实竞争的心灵境界，竞争的对手之间也应该相互帮助，因为真正的竞争不光是业务和技术上的较量，崇高的品行和完美的人格也应该包含在内。你比对手多了一分善良，你就比对手高了一个层次，帮助别人时可以表现出自己的品格和胸襟。

助人者，人恒助之，聪明人都知道，帮助自己的唯一方法就是帮助别人。所以，不要担心帮助了对手他会打败你。有的时候，送给对手一根救命稻草，最终往往成了自己的救命稻草。

# 心灵修理工

[美] 马克·奎斯/著 韩星/译

母亲在我们家是一个地道的"修理工"。无论是为 8 个孩子缝纽扣，还是修理农场里的拖拉机，对她来说都是轻而易举的事情，她更擅长修补人们心灵的创伤。我经常看到她和陌生人谈话，母亲永远笑容可掬地端着一杯热咖啡，说着人生道理。

"妈妈，那人是谁？"当陌生人走后，我这样问她。母亲总是轻轻地放下手里的咖啡，告诉我相同的一句话："只是一个普通人，他有点儿问题需要交流。"他们就像现在的我，有问题需要解决，而似乎只有母亲能够解决。

其实，母亲一直想避免我走弯路，特别是在我的婚姻问题上。年轻的我固执又冲动，在认识一个女孩 3 天后我们就要结婚，母亲的话我一句也听不进去。"她不是你生命中的那个人，马克，"母亲这样对我说，"现在放弃还不算晚。"

"但是，婚礼都已经开始了，这么多的朋友都已经来了。""不要紧，"母亲说，"这些人我都可以应付，重要的是，她不是属于你的那个人。"

母亲是对的。但那时候我是如此年轻和任性，渴望组建自己的家庭。后来我说服了母亲，婚礼照常进行。一年后，母亲因病去世了。我和妻子用接下来的 3 年时间挽救我们冒失的婚姻，但最终还是宣告结束。

离婚后我在一家工厂做机械修理工，收入仅够养活自己。

正是那时我遇到了露易丝。露易丝有一头漂亮的金发、一双温柔的眼睛，美丽的脸庞永远带着微笑。我们经常聊天，她是母亲去世后，我遇到的唯一可以敞开心扉倾诉的人。露易丝是个很好的倾听者，她曾经离过婚，带着两个孩子。

我们一起吃午饭，露易丝知道我并不宽裕，会故意多买些饭，然后分给我。我们的交谈不断深入，没过多久我就意识到自己坠入了爱河。当露易丝说她爱我的时候，一度缺少生气的我就像是突然复活了。

但每当露易丝谈到结婚的时候，我都会感到紧张，还有意岔开话题。上一段婚姻重重挫伤了我的自信心，虽然我知道我们很合得来，但失败婚姻的阴影却始终笼罩着我。

母亲去世后，母亲农场的房子已经卖给了别人，我带着露易丝去过农场几次，却从未去看过那间我从小居住的房子。一天，我带着露易丝去拜访新的房主。然而主人不在家。当我转身要走的时候，露易丝突然停了下来。

"我以前曾经来过这里。"她平静地说，目不转睛地看着门厅。"你说什么？"我问道。

"我以前来过这里！我就坐在这儿，在这个台阶上，有一位老妇人和我坐在一起。她戴着眼镜，手里端一杯冒着热气的咖啡。"露易丝说，"那是个晚上，微风徐徐，我和那位老妇人坐了许久。"

"她对你说了些什么吗？"我好奇地问道。露易丝说："当时我的心情非常糟糕，她耐心地开导我，为我打开心结，她还说，你是个好姑娘，肯定会有一个好男人爱你的。当我离开的时候心情已经好多了。"

从那天以后，我不再对未来感到紧张。因为我知道露易丝肯定符合母亲的标准。

现在我们已经结婚 13 年了，身边也多了两个孩子，我们有了自己的农场。很多次，我看到露易丝坐在台阶上，她是那么像母亲。她们都是心灵的修理工，母亲曾经为她打开心结，而现在她又来到那位妇人的儿子的身边，为他缝合了一颗破碎的心。

## 与你共品

俗话说，破镜难圆。破碎受伤的心灵更是难以修复。心灵的伤害实际上是情感的伤害，不同的伤有不同的疗法：堵塞的需要疏通，封闭的需要交流，压抑的需要释放，残缺的需要弥补。

心灵的修理工作是对情感和灵魂的清洁。修理者在承受别人的倾诉时需要腾出自己的容量，可能会成为不良情绪的垃圾桶，可能要为别人的遭遇在心灵上遭受一次次的折磨，但只要有一颗善良纯洁的心，就不会在救人的时候被别人拉下水。相反，帮别人走出乌云笼罩的时候，自己也会沐浴在和煦的阳光之中。

# 善良不会拐弯

## 感 动

一条摔断腿的狗，躺在路边痛苦地哀号。有很多人经过，但谁也没有理会这条狗。后来，一位过路人看见受伤的狗，就停了下来，为它接腿骨。谁知，这条狗竟狠狠咬了他一口，过路人没有放弃，忍着伤痛为狗接好了腿骨。另一些过路人看见了，就笑他愚，干吗冒着危险去救一条不识好歹的狗呢？

这个人听了不以为然，他对那些旁观者说："我帮它接骨，是因为我有救它的心愿；而它咬我，是它被碰到疼处的本能反应。所以，你误解了我，也错怪了这条狗。"

明知狗会咬人，却还要救它，我认为，那个人不是愚憨，当一个人的心里都是救助的念头时，他怎还会绕着弯弯想别的。

想起二战时期的故事。德国占领了法国，一个冬天的晚上，一队德国士兵借宿在一个法国老妇人家里。夜里很冷，老妇人在给火炉加柴时，发现一个德国士兵的毯子掉到了床下，她看着这个脱掉了军装的士兵，他还不过是一个十四五岁的孩子，和自己小儿子的年纪相仿。老妇人心生爱怜，像母亲一样从地上捡起毯子，盖到了那个小士兵身上。

没想到，睡梦中的德国士兵以为敌人来袭，从枕下抽出一把匕首，猛地刺入了老妇人的胸膛。

后来，当他弄清事情的原委后，就跪在了那个老妇人面前，流下了忏悔的眼泪。生命弥留之际，老妇人脸上带着笑容，她对眼前这个德国士兵说："孩子，我不会怪你。"

当时，德国士兵对于法国人来说，都是可恶的仇敌，为什么"仇敌"在老妇人眼里会成为"孩子"，我想，那是因为她的心地善良。善良，不懂得绕开任何障碍，包括国界。

我认识一个人，几年前，他路遇一个被歹徒打倒在地的男人。他立刻把男人送到医院救治。结果，男人因为伤势严重变成了植物人。他救人的时候，是清晨，街上没有其他的目击者，所以，男人的家人就认为他是打人的凶手，将他告上法庭，他被公安机关调查了 4 年，直到那个男人神志清醒，他才重获清白。但是，他却为此丢了工作，失去了家庭。

我说他傻，为了救别人，却把自己给毁了。他却不以为然，他对我说："凡是一个有良知的人，在那种情况下都会救人。至于后来他的家人怀疑我是凶手，则是另一码事，和救人没有关系。"

一直记着他的话，想着当一个人怀揣着善良时，他也许就真的成了不懂取巧、不会转弯的傻子。

这世界上，处理事情因为懂得转弯而游刃有余，但往往也因此会迷失方向。善良是永远不会转弯的，善良是一条笔直的线，它常常会撞得头破血流，但它也成了我们生活的准绳和方向。

## 与你共品

以德报德是褒奖善良的最好方式，以德报怨是消除仇恨的一种方式。用宽容和善良对待误解和仇恨，可以感化和化解罪恶，至少不会扩大和加深罪恶，就这一点而言，以德报怨并非是软弱的代名词。

能够做到以德报怨需要一种宽广的胸怀和一颗善良纯洁的心。行善心，得恶果，这在很多人眼里是愚蠢和荒唐的。但是善良不会拐弯，善良的人只要认为自己所做的是正确的，对得起自己的良心，不论结果怎样，都不会放弃，也不会后悔。

第二章

# 构建心灵间的缓冲地带——善于沟通


## 三个筛子

佚 名

一天，一个人急急忙忙地跑到一位哲人那儿，说："我有个消息要告诉你……"

"等一等，"哲人打断了他的话，"你要告诉我的消息，用三个筛子筛过了吗？"

"三个筛子？哪三个筛子？"那人不解地问。

"第一个筛子叫真实。你要告诉我的消息，确实是真的吗？"

"不知道，我是从街上听来的。"

哲人接着说："你要告诉我的消息就算不是真实的，也应该是善意的吧。"

那人踌躇地回答："不，刚好相反……"

哲人再次打断他的话："那么请问，使你如此激动的消息很重要吗？"

"并不怎么重要。"那人不好意思地回答。

哲人说："既然你要告诉我的事，既不真实，也非善意，更不重要，那么就请你别说了吧！这样的话，它就不会困扰你和我了。"

想一想我们平时着急告诉别人的事情，是不是也像这个人要告诉哲人的消息一样对人对己毫无益处呢？也许先用"真实、善意、重要"这三个筛子筛一下我们要说的话，我们就会发现，很多话其实根本不必说，也不用说。学习掌管好我们的嘴吧，不要让它任意妄为。你会发现：当你管好了自己的嘴，你自然就能管好你的生活。

## 与你共品

进食和说话是嘴的两个基本功能。进食是为了生存和品尝味道，说话是为了交流、表达和辩论。嘴长着是说话的，但不要为了说话而说话，更不要制造、传播和散布谣言。

人的嘴是一个开放的喇叭，聪明的人知道给自己的嘴上一把锁。管好自己的嘴，开口前掂量掂量，不真实的谎言不说，不是善意的恶语不说，不重要的闲话不说。经过这三个筛子筛过的话才是有价值的，才能从嘴里说出来，否则就是在浪费时间，甚至给别人和自己带来不必要的烦恼。

# 善解人意的魅力

中原渔人

和其他的酒店不一样，法国巴黎的拉·维耶酒店里没有菜谱。当人们来到小酒店时，66岁的女主人会告知你该吃什么东西，不该吃什么东西，如果她知道你在减肥节食或者看上去你应该节食，她就不会给你上小牛肝、小牛排之类的高蛋白食物。即使你点了别的菜，她也不给你，因为她完全知道什么食物对你有好处。

在这个小酒店里，女主人像一位母亲或家庭主妇似的，当天想到什么菜就烧什么菜。而客人也像回到家里一样，主人烧什么菜就吃什么菜，不需自己点菜。这个小酒店的这一经营特色，招揽了不少客人，有一位叫船的顾客竟在她的店里吃了25年午餐。

这位叫船的顾客一口气说出了他在这儿连续吃午餐的数十个原因，其中若干个都跟老板的善解人意有关。船第一次到这里吃饭是因为他工作被炒掉，而他当月的薪水又被贪婪的上司扣发，所以一肚子委屈和苦闷地来到了这个小酒店。但他没想到自己会被酒店的女老板狠狠地批评一顿，因为爱喝酒的他怕在酒店里买酒太贵，每次吃饭前总要在外面小店里买一些劣质酒。他被女老板训斥是因为他的脸色不好，象征着他的肝脏不好，女老板给他换了一瓶对肝脏有保护作用的温酒，并免了他的酒水费，本来心情很不好的他得到了一份莫名的关心，一下子食欲大增。

　　他还说了他和他的一位正闹离婚的朋友一起在拉·维耶酒店吃饭的故事。那天酒店里的一道菜和船的那位朋友的妻子常常做的一个味道。女老板不一会儿走来问菜的味道怎么样，当时问船的朋友时，船的朋友拼命地点头说："味道不错。"船的那位朋友回家后，发现妻子正好做的是刚吃过的那道菜，忍不住想对比一下。结果尝完以后，感觉很好，便大声对妻子说"味道不错"，他妻子幸福得差点儿掉下眼泪。因为结婚以来，他这还是第一次夸奖妻子，妻子正因为他不善解人意而跟他闹离婚。船的这位朋友后来也常到小店吃饭。

　　据法国该地方晚报报道，该报生活副刊曾用两个版面刊登了拉·维耶酒店顾客的故事，他们的故事各不相同，但他们都能众口一词地说出善解人意的女老板某一天的某个举动；而接受采访的女老板却说了许多顾客在她们饭店吃饭的故事，其中包括船，女老板说常去她那吃饭的人会给她带去一些好的菜谱甚至自己家的新鲜菜。采访她的记者说："看来，善解人意是可以传递或者传染的。"

## 与你共品

　　善解人意是一种真诚的理解与被理解。因为懂得，所以理解。要懂一个人，必须从这个人的角度去思考问题，去理解他的处境和难处，探析他的心理和行为；要懂一个人，必须学会倾听，在倾听的基础上平等交流、相互理解。

　　善解人意不是溜须拍马、投其所好。它是一种美好感觉的无线传导，是情感和意识的高层次交流，它能产生心灵的暖流，温暖流过每一方心田，它能传染给每一个受到它的恩赐的人，散播着理解与爱怜，同时收获着快乐与感激。

# "健忘"的梅兰芳

## 王者归来

梅兰芳有了名气之后，不仅给他带来了数不清的掌声和荣誉，也带来了一些意想不到的麻烦。那时候，在京剧界里，有一个同行怎么看梅兰芳都不顺眼，私底下没少说他坏话。梅兰芳知道这些之后，往往是淡然一笑。这一天，梅兰芳应邀参加一个宴会，凑巧的是，和他平日里就合不来的那个同行也在。在座的众人都知道这两人不和，说不定言语不和就得爆发冲突，所以都在暗中捏了一把汗。

酒过三巡，菜过五味之后，梅兰芳和那个同行始终都保持着沉默，大家到这时候才松了一口气。可就在这时候，同行端着酒杯突然站起身走到了梅兰芳所在的酒桌边。他高高地举起酒杯，大声说道："来，今天我借花献佛，给在座的各位朋友敬上一杯！"说着，他给每个人都恭恭敬敬地敬了一杯酒，唯独将梅兰芳晾在一边。

整个酒宴忽然变得异常安静起来，来参加宴会的宾客们都屏住了呼吸，紧张地望着梅兰芳。梅兰芳身边的好友生怕他冲动，向后挪了挪椅子，做好了抱住梅兰芳的准备。同行挑衅地看着梅兰芳，脸上写满了不屑。就在这时，早已经成了众人焦点的梅兰芳微笑着站起身。他拿起酒杯，不卑不亢地向大家说道："我也借此机会敬大家一杯，祝各位身体健康！万事遂心！"说完，梅兰芳轻磕了一下同行的酒杯，仰起头一饮而尽。

"好！"酒宴现场响起了一阵喝彩声，不少人激动地站起身来，为梅兰芳的大度和机智鼓起了掌。同行看看眼下这种情况，也实在不好再为难梅兰芳，只得悻悻地走回了座位。

那次酒宴之后，因为种种原因，梅兰芳和那个同行各奔东西，各自为自己的事业打拼了起来，很长时间也没见过面。几年之后，已经如日中天的梅兰芳偶然得知当年那个同行正和自己在一个城市里。当年狂傲的同行最近几年时运不济，日子过得异常艰辛。几天之后，当同行在台上演出结束之后，他意外地收到了梅兰芳送来的厚礼。梅兰芳让送礼物的人告诉同行，本来他打算亲自来给对方捧场的，可忙得实在抽不开身，请对方不要见怪。同行收下礼物之后，转身对着墙壁默然良久，直到送礼的人发现对方双肩轻微抖动着时，连忙悄然离开……

后来，同行成了梅兰芳的莫逆之交。有一次闲暇无事，同行问梅兰芳为什么不记恨自己当年在酒宴上的举动。梅兰芳想了半天也没想起对方说的是哪件事。同行又提醒了半天，梅兰芳苦思良久，最后只是无奈地摇了摇头。他告诉同行："这些年，我只对那些人品低劣趋炎附势的小人牢牢记恨着，而朋友们偶尔的看不惯发个脾气我从来不往心里去。在我看来，这些朋友们的怨气无非是缘于误会和不理解，如果我费脑筋去记了，不仅彼此再没有了做朋友的可能，而且每天还要被这些无谓的仇恨占满了大脑，那也就不用干别的了！"

说罢，梅兰芳呵呵一笑，又低头喝起了茶。同行看了看他，什么也没说，也跟着默默喝起了茶。许多年后，同行和朋友说道："梅兰芳让我明白了什么才是真正的大师！那是一种'世事如水，恨过无痕'的大智慧大境界！"

人生是一辆疾行的车，如果我们把每一份伤害，每一份屈辱都装在车上的话，那我们的人生之车也行驶不了多远。大多数的烦恼仇怨冲突都应该轻轻放下，因为它们不仅严重地威胁着我们的未来，而且还占用了我们很多的时间和精力。对于这些可以忘记的烦恼，我们就该像梅兰芳先生一样选择"健忘"。只有这样，我们才能将更多的热情和生命都投入到自己所钟爱的生活中去！

## 与你共品

人都有以自我为中心、从自身出发看问题的本能意识。一个人对另一个人的嘲讽和敌意，往往是相互之间由于陌生而导致的不理解造成的，试着了解对方并乐于被对方了解，彼此的沟通交流便可化敌意为友情。你会发现，即将发生冲撞的两个拳头只要轻轻伸开手指，就成了握手言和的美丽姿势。

# 换一种方式

一 冰

有一个小区，有部分居民经常拖欠物业费，为此物业公司伤透了脑筋。他们几乎每天都要出一份公告，要么是催缴费用，要么是在公告栏"曝光"那些拖欠费用的业主，但那些业主仍然我行我素。长此以往，那些按时缴费的业主也不乐意了，也开始拖欠，物业公司收不上钱，只得走人，小区已经换了几家物业公司了。

后来，又有一家物业公司进驻小区。之前走的那几家物业公司都准备看这家公司的笑话，可没想到，这家公司居然站住了脚，业主也很少有拖欠费用的现象。

几个经理去取经，新经理把他们带到公告栏前，几个经理仔细一看，唯一的差别就是公告栏略有不同——原来的公告栏全是指令，但现在的公告栏成了温馨提示，都是如何节约用水用电、教育孩子、保护家人之类的常识；还有一大块公布的业主的名单，但"上榜"的不再是那些拖欠费用的业主，而是缴费的业主名单！还在前面和后面都加上了诸如"感谢支持"、祝福"家庭幸福"之类的话。

新经理说："我只是换了一种方式公布名单，你们公布那些拖欠费用的，我却公布那些缴纳费用的。你们只注重那些拖欠费用的，却忽略了那些按时缴纳费用的业主，等于两头都得罪了，结果只能是恶性循环；而我更尊重那些遵章守规的业主，奖励他们，赢得他们的支持，同时避免了拖欠户的难堪，而且人都有向好之心，'光荣榜'还能唤醒那些拖欠户自觉缴费，缴费的人当然越来越多。"

原来，换一种方式，就是两重世界。

## 与你共品

农夫对待罢工的耕牛，要么在后面用鞭子抽打，要么在前面用青草诱惑。其实人也一样，惩罚机制就是抽人的鞭子，使人因害怕落后而拼命朝前冲，激励机制就是诱人的青草，人们想得到更多而奋力向前赶。当然，人都是向好的，鞭策和激励即使能达到同样的效果，惩罚后进也不如鼓励先进容易让人接受。

条条大道通罗马，达到目的的方法是多样的，当我们用尽所有的力气去推一扇门仍然不能打开的时候，试着换一种用力的方式，轻轻拉一拉或许很容易就能打开。

## 温馨的咳嗽

*感动*

10 年前，我父亲在一个小镇做煤炭生意。父亲把煤堆在一个围墙很矮的院子里，经常被偷。每天夜里父亲都要起来看一看。一天夜晚，我和父亲一起巡夜时突然看到一个女人正伏在煤堆边偷煤，我正想过去抓住她时，却被父亲制止了。父亲带我转到煤堆的另一边，然后故意咳嗽了一声，结果那女人听到了咳嗽声，就急忙离开了。从那以后，父亲的煤再也没有丢过。后来，我明白了父亲咳嗽的深意。住在小镇里的都是熟人，如果在那种场合下相见，那女人一定会无地自容，父亲也会尴尬万分。

高中同学聚会时，大家还会记起一位老师和他那温馨的咳嗽。那时为了迎接高考，学校把整个高三年级管理得像一个铁桶一般。在上课铃响后和老师未进教室前的这短暂的间隙里，大家就会放松紧绷的神经，尽情宣泄一会儿，而有些老师就喜欢在大家措手不及时搞突然袭击，抓住"现形"然后毫不留情地批评一些同学。结果往往是学生们的情绪低落，老师自己的心情也不会好过。只有一位老师非常可爱，他走到教室前总是先咳嗽一声。听到这咳嗽声，大家就会收起与学习无关的事，坐得端端正正。因为这声咳嗽，在接下来的 45 分钟里，师生之间会在一种和谐的气氛中共处。

细想起来，类似的咳嗽是一种发自内心的智慧，它是给别人一个善意的提醒。它也能营造出浓厚的人情味。温馨的咳嗽更是在人与人之间构建了一个缓冲地带，从而化解了正面的冲突与伤害，最终达到和谐的共赢局面。

## 与你共品

把罪恶扼杀在摇篮中就是在行善，通过善意的提醒把邪恶的苗头处理在萌芽状态，甚至通过事前预防阻止不好的事情的发生，是一种很好的人际调控和社会净化机制。

惩罚和制裁是手段而不是目的，其作用是让错误和罪恶不再发生，所以，任何能与之达到相同目的的措施和方法都是值得提倡的。在关键时刻拉人一把就是挽救了这个人的一生。

## 越安慰越伤害

汪 冰

如果朋友向你倾诉："我真是倒霉透了，谈了两年多的朋友居然把我给甩了。哎，我真想一死了之！"你会如何安慰对方呢？

廉价的口头禅："我完全能理解你的感受。"

我们生怕对方觉得自己情商低，于是一句"我理解"成了廉价的口头禅，甚至有时它还被作为一种做作的恩惠。尽管意图很好，这种表达却可能激怒对方，甚至得到回敬，"不，你不是我，怎么知道我的痛苦！"

"我理解你的感受"，让讲话者觉得自己的感受不再是独一无二的，自然觉得没有受到重视，更没有了说下去的兴趣和动力。

最好说出你从对方话语里感受到的情绪并向对方确认，如："听起来你对他很愤怒是吗？""好像那一次经历让你感到自己很糟糕，是不是？"这不仅表达出了讲话者提到的重点，还表示了你对对方进一步的好奇和关心，更避免了先入为主带来的误解。

**"我认为你应该……"**

没有人喜欢按照别人的意志生活，所以当太多的"你应该"出现在关心中，可能会被理解为控制而遭到抗拒。

关心要关心到点子上，帮助对方发现生命中更多的可能和生活中看不到的盲点，才是我们的任务。"关于分手这件事情，你现在是什么想法？""你觉得除了辞职还有什么其他的选择？"提问，提问，还是提问，你的好奇和倾听就是帮助对方做最好的梳理。

**"想开点儿，塞翁失马，焉知非福。"**

"想开点儿"，这句中国人最常用来劝慰别人的开场白，却最是招人讨厌："想开点儿，废话，我也想呢，换你是我你试试啊？"而之后说你还是如何幸运的补充更是属于严重错了方向。因为这基本上没有把对方的苦难当回事儿。

可以这样说："看见你这么痛苦却还在坚持，你是怎么做到的？"帮助别人想开也得有想开的理由和证据，所以挖掘其生命中的留恋与在意，远比动辄数小时以"想开点儿"为主题的劝导工作要有效得多。

**"这没什么大不了的，时间会医治一切创伤。"**

"这没什么大不了的"，不仅让对方感觉自己正在经历的苦难在你看来纯属无病呻吟，从而无法接受自己当下的感受，也会让友人怀疑自己是否太过敏感和没出息，本来就已经痛苦不堪再加上自我指责，只会引发更加让人绝望的乏力感。

帮助对方了解和接纳自己的感受本身就可以有效地缓解痛苦。"遇到了这样倒霉的事情，你的愤怒和失望都是正常反应。""别再压抑自己了，哭泣、怨恨、想报复都可以，你要说出来。"

记住，接纳对方的感受和想法（比如自伤、报仇）并不等于认同他们的观点和行为，一定要疏导，先疏再导。

**最直接、最有效的一招**

如果你对关心别人摸不着头脑，也不用担心，还有最后的一招，也是最为直接有效的一招："请你告诉我，我该说（做）些什么会让你感觉好些？"关心别人的唯一原则就是从对方的角度出发，而不是用自己的想法代替别人的需要。

## 与你共品

每个人都有失落的时候，也都有找人倾诉和倾听别人苦闷的时候，但如何安慰一颗受伤甚至破碎的心，却是一门艺术。

要想得到别人的安慰，首先必须敞开自己的心扉，推心置腹的交谈是一种心灵的展示。要想有效地安慰别人，必须从对方的需要出发，注重对方的现实处境和心理感受，在没有走进对方的心灵世界之前，万不可以简单的比较、建议、开导，甚至以批评的口气说话，那样只会使事情向相反的方向发展，反而你越安慰别人，别人受到的伤害越深。

# 拯救纽约

[美]阿特·布彻沃德

　　一天，我和一个朋友坐着出租车在纽约市里行驶，当我们下车时，我的朋友对司机说："谢谢你给我们开车，你的驾驶技术真是好极了！"

　　司机愣了一下，停顿了片刻，迟疑地问："这话是什么意思？你是个聪明人还是个特殊的人？"

　　"不，亲爱的朋友，我可不是讨好你。你在道路堵塞不堪时能那样冷静，这可不是一般人能做得到的。我很佩服你。"

　　司机半信半疑地说了句："是吗？"就开车走了。

　　"你这是干什么呀？"

　　"我要把爱带回纽约市。这是能拯救纽约的唯一办法。"我的朋友说。

　　"一个人能拯救纽约这样一个城市，你可真是疯了。"

　　"不是我一个人，还有这位司机。设想他拉了20位乘客，由于有人对他很好，他也会善待20位乘客，而这20位乘客也会友善地对待他们的同事、下属、商店雇员以及所有为他们服务的人，包括他们自己的家人。这种友善将伸延到1000个人身上，这总不是一件坏事吧！"

　　"你把所有的结果都押在一个出租汽车司机身上，这怎么可能？"我说。

　　"当然不是这样。但是，我每天，至少会面对10个完全不同的人，如果我能使其中三个人高兴，就可以间接地影响到

3000多人。"我承认道:"在理论上听起来是对的,但在事实上恐怕就不是这么回事。"

我的朋友却坦然地说:"即使它不能实现,我也没有任何损失,就算对方是个聋哑人,又有什么关系呢?明天,我还会碰到另一个出租汽车司机,我将努力使他高兴。"

"你可真让人费解,傻瓜才这么想,这么干。"我淡淡地说。朋友立刻说:"这说明你已经变得多么玩世不恭了。我对此做过研究,除了金钱之外,这里缺乏一种十分可贵的东西:没有人告诉我的在邮局工作的员工们,他们的工作做得多么好。"

"但他们做得并不好呀。"

"你知道这是为什么吗?就是因为他们觉得没有人关心他们做得好与不好,怎么就不能有人夸奖他们几句呢?"

我俩边说边走过一片施工的工地,几个工人正在吃午餐。我的朋友停下来对他们说:"你们干的工作真了不起,这活儿一定又困难又危险。"

工人们疑惑地看着他。他又问:"什么时候完工?"

"6月份。""噢!这可真让人兴奋,你们一定很自豪!"他边说边同我一起走开了。

我说:"我还真从来没见过你这样的人。"他却信心十足地说:"当这些人领悟了我的话,他们对工作会有另一种感觉。这样,从他们的愉快的工作情绪中,城市将受到益处。"

"但你不可能自己完成这项计划。"我断言。

"重要的是一定要鼓励这些人。要使生活在城市里的人们重新变得友爱、和蔼不是件容易的事，如果我能号召，吸引其他人加入我的行动中……"

"你刚才是在向一个长得非常丑的妇女眨眼睛？"我打断他的话说。

"是的，我知道。"他回答道，"如果她是一个学校的老师，她的班级将有非常美好的一天。"

## 与你共品

用阳光照亮人的心灵，就是赶走心中的阴暗；把快乐的情绪传给尽可能多的人，整个城市就会欣欣向荣；经常鼓励别人，就会让人鼓足干劲；时时表现出对人的重视，就会促使人更加卖力地工作。把所有正面的东西一个一个传染下去，让世界充满爱，世界就会变得更美好。

阳光、快乐、鼓励、重视、友爱……拯救一种封闭的人际关系，一座冷冰冰的城市，一个冷漠疏远的社会，需要的太多太多。朋友，把遗失的美好一个个捡拾起来，来个自我拯救的大接力吧！

## 想要说"NO"不容易

佚 名

在一次闲谈中，乔治的父亲对乔治说："在我看来所有的词中最难说的就是仅仅两个字母的'NO'。"

"你在骗我！"乔治大喊，"这可是世界上最好说的词呀！"为了证明父亲的错误，他说了无数遍"NO"。

"我可没开玩笑。我觉得这是所有词里最难说的一个。你今天觉得很容易，明天可能就说不出口了。"

"我肯定能说出这个词。"乔治很自信地说，"NO，这就像呼吸一样容易。"

"好，乔治，我希望你能像你说的那样，在应该说'NO'的时候能轻易地说出来。"

在学校旁边有一个很深的池塘，冬天结冰时，男孩们常到那儿去滑冰。

一夜的工夫，池塘的水面成了美丽的冰面。早晨，孩子们去上学的时候看见那光滑、平坦的冰面像玻璃一样。他们想，到中午冰面就会冻得足够厚实，那时就可以滑冰了。一下课，孩子们就跑到池塘边，有的想试一试，有的只是看看热闹。

"乔治，快来呀！"威廉·格林大声喊，"我们可以美美地溜上一圈了。"

乔治却犹豫不决，他说冰面是昨天晚上才冻的，还不够结实。

"噢，笨蛋，"另一个男孩说，"够结实了，以前的冰面也是在一天之内冻成的，不会有问题，对吗，约翰？"

"是啊，"约翰·布朗说，"去年冬天也是一个晚上就冻成了，何况今年比去年更冷些。"

乔治还是犹豫不决，他不敢在没得到父亲允许的情况下去滑冰。

"我知道他为什么不来，"约翰说，"他怕摔倒。"

"他是个胆小鬼，所以不敢来。"

乔治再也无法忍受这些嘲讽了，勇敢一直是他的骄傲，"我不怕。"他大声说，第一个跳到冰面上。男孩们玩得十分开心，他们跑呀、滑呀，想在光滑的冰面上抓住对方。

越来越多的孩子加入了滑冰的行列，几乎所有的人都很快地忘记了危险。突然，有人大喊："冰裂了！冰裂了！"果然冰裂了，有三个孩子掉了下去，在水中挣扎着，乔治是其中之一。

老师听到喊声立即赶到。他从旁边的一个篱笆上拆下几块木板，沿着冰面伸过去，直到水中的孩子能抓到。他终于把三个快要冻僵的孩子救出池塘。

乔治被送到家时，他的父母伤心极了。在乔治暖和过来以前，他们什么也没问，只是庆幸他脱险了。到了晚上，当大家都坐在壁炉前的时候，父亲问他为什么忘了他的劝告。

乔治回答说，他并不想去，但是其他的孩子非让他去不可。

"他们是怎么非让你去不可的。他们是把你抓去的还是拖去的？"

"不，他们没拉我，但他们想让我去。"

"那你怎么不说'NO'呢？"

"我想这样说，但他们叫我胆小鬼，我无法忍受这个。"

"换句话说，你宁可去冒生命危险也不愿对人说'NO'，是吗？昨晚，你说'NO'最容易说，但你没做到，不是吗？"

乔治开始有些明白为什么"NO"这个词那么难以启口了。

## 与你共品

拒绝是一种姿态，是一种选择，是一个决定。拒绝是一种以放弃的方式表达出来的态度，是快刀斩乱麻的果断，是重新选择的机会，是退后一步的辽阔，是斩断暧昧的利剑。

懂得拒绝，是一个人走向成熟的标志。不知道拒绝的人也不知道自己想得到什么。害怕拒绝的人是软弱的，他因为不敢表达自己内心的真实想法，往往会伤害别人，也容易被别人伤害；犹豫不决的人缺乏决断力，很多时候会把简单的事情复杂化；从不拒绝的人是好好先生，看似一团和气，实则是虚情假意。

第三章

# 把浩瀚的海洋装进胸膛——宽容体谅

## 不留痕迹的心

佚 名

有一天，小华气嘟嘟地从学校跑回来。

爸爸看他一脸不高兴，便问他："你怎么了？"

"怎么了？小明说话气我呀！我快要受不了了。"

"他说你什么？"

"他说我个子矮呀！"小华很气愤地说，"虽然我个子很矮，可是我心胸很大呀！"

"你的心胸很大，是吗？"

爸爸问完话以后，一声不响地拿起一个脸盆，要带小华到大海边去。

爸爸先在脸盆里装满一盆水，然后往脸盆里丢了一颗石头，只见脸盆里的水溅出来一些；接着，他又把一颗更大的石头丢到大海里，只见大海里起了一个小小的涟漪后，又恢复平静，一点水也没有溅出来。

"你的心胸很大，是吗？可是，为什么人家只是在你的心里丢下一小块石头，你就像脸盆里的水一样，溅出来了？"

风来了，竹子的枝干被风吹弯；风走了，竹子又站得直直的，好像风没来过一样。

云来了，在潭底留下一道影子；云走了，潭底又干干净净的，好像云没来过一样。

竹子不会因为被风吹过，就永远直不起腰来；清澈的潭水，也不会因为有云飘过，就永远留住云的影子。

同样的，心胸宽大的人，不会因为别人两句不礼貌的话，内心刮起永远的狂风巨浪；也不会因为别人不礼貌的行为，就在心底刻下无法磨灭的伤痕。

像清澈的潭水一样，云过了，不留痕迹。

像坚韧的竹子一样，风过了，不留痕迹。

## 与你共品

"将军额上能跑马，宰相肚里能撑船"，这是中国人用来形容一个人的气量时常说的一句话，虽然有些夸张，但却说明了宽容的品质对欲成大事者的无比重要性。

是的，一个人的心里如果想要装进一些东西，就必须忘掉一些东西。宽广的胸怀能包容一切，对于别人的嘲讽、不礼貌，甚至是伤害，能够做到不记仇，宽恕过后能够忘掉，做一个"健忘"的人，是一种神性的高度，也是一个人应该追求的境界。

# 理直也气和

佚 名

"服务员！你过来！你过来！"顾客高声喊，指着面前的杯子，满脸寒霜地说，"看看！你们的牛奶是坏的，把我一杯红茶都糟蹋了！"

"真对不起！"服务员赔不是地笑道，"我立刻给您换一杯。"新红茶很快就准备好了，碟边跟前一杯一样，放着新鲜的柠檬和牛乳。服务员轻轻放在顾客面前，又轻声地说："我是不是能建议您，如果放柠檬，就不要加牛奶，因为有时候柠檬酸会造成牛奶结块。"

顾客的脸一下子红了，匆匆喝完茶，走了出去。

有人笑问服务员："明明是他土，你为什么不直说呢？他那么粗鲁地叫你，你为什么不还以颜色？"

"正因为他粗鲁，所以要用婉转的方法对待，正因为道理一说就明白，所以用不着大声！"服务员说："理不直的人，常用气壮来压人。理直的人，要用气和来交朋友！"

每个人都点头笑了，对这餐馆添了许多好感。往后的日子，他们每次见到这位服务员，都想起她"理直气和"的理论，也用他们的眼睛，证明这个服务员的话有多么正确……他们常看到，那位曾经粗鲁的客人，和颜悦色，轻声细气地与服务员寒暄。

我们往往欣赏"理直气壮"，却往往忽视"理直气和"的绝妙之处。常言道：有理不在声高，更何况你是否有理呢？反过来，对于别人的无知、粗鲁，我们是"以牙还牙、以眼还眼"好呢，还是"以柔克刚"好呢？别忘了：要用气和交朋友！

如果不能做到这样，那么你可能就会无形中感觉到气愤，而生气又会给你带来什么呢？生气的背后是什么呢？

当我们自己成为那个敏感、易怒、无理、情绪失控的人的时候，我们也应意识到其原因很可能是我们曾经受伤，而伤口尚未愈合。若我们能了解自己心灵里面尚待医治或解决的问题，再对症下药，必能成为情绪稳定、别人喜欢接近的人。不快乐不是别人造成的，而是自己心灵里面的问题。

## 与你共品

假若你与别人发生了争论，而你在道理上占有绝对的优势，你会怎样对待那个理亏之人呢？理直气壮、正义凛然的大获全胜当然很风光，也无可厚非，但如果你既掌握着道理，同时又表现出谦和的态度，用一种高雅的智慧让对方幡然醒悟、自惭形秽，是不是更能体现出你的修养和气度？

古人云：和为贵。能够做到"理直气和"，用宽广的胸怀与和气的态度对待一切，就能避免不愉快的情绪对自己产生的影响，每天都会收获阳光般的心情。

# 能容人处且容人

佚 名

丘吉尔在退出政坛后，有一次骑着一辆脚踏车在路上闲逛。这时，也有一位女士骑着脚踏车，从另一个方向疾驶而来，由于刹车不住，最后竟撞到了丘吉尔。"你这个糟老头到底会不会骑车？"这位女士恶人先告状地破口大骂，"骑车不长眼睛吗？""对不起！对不起！我还不太会骑车。"丘吉尔对那位女士的恶行恶状并不介意，只是不断地向对方道歉，"看来你已经学会很久了，对不对？"这位女士的气立刻消了一半，再仔细一看，他竟然是伟大的首相，只好羞愧地说道："不……不……你知道吗？我是半分钟之前才学会的……教我骑的就是阁下。"

丘吉尔的智慧确实令人惊叹，然而更令人敬佩的却是他那宽以待人的风度。他用智慧宽恕了别人，也为自己创造了融洽的人际关系。如果他不采取这种方式，而是针锋相对，又会怎样呢？结果可想而知。

宽恕别人就是善待自己，你希望别人善待自己，就要善待别人，要将心比心，多给人一些关怀、尊重和理解，人总是喜欢和宽容厚道的人交朋友的，正所谓"宽则得众"。

宽容是一种修养。当然宽恕伤害自己的人不是一件容易做到的事，要把怨气甚至仇恨从心里驱赶出去，的确需要极大的勇气和胸襟。

一个匈牙利的骑士，被一个土耳其的高级军官俘获了。

这个军官把他和牛套在一起犁田，而且用鞭子赶着他工作。他所受到的侮辱和痛苦是无法用文字形容的。因为那个土耳其军官所要求的赎金是出乎意料的高，这位匈牙利骑士的妻子变卖了她所有的金银首饰，典当出去他们所有的堡寨和田产，他们的许多朋友也捐募了大批金钱，终于凑齐了这个数目。匈牙利骑士算是从羞辱和奴役中获得了解放，但他回到家时已经是病得支持不住了。

没过多久，国王颁布了一道命令，征集大家去跟犹太教的敌人作战。这个匈牙利骑士一听到这道命令，再也安静不下来。他无法休息，片刻难安。他叫人把他扶到战马上，气血上涌，顿时就觉得有气力了。他在战场上把那位曾把他套在轭下、羞辱他、使他痛苦万分的将军变成了他的俘虏。那个土耳其军官被带到他的堡寨里来，一个小时后，那位匈牙利骑士问他说："你想到过你会得到什么待遇吗？"

"我知道！"土耳其人说，"报复，但是我怎样做才能得到你的饶恕呢？"

"一点儿也不错，你会得到报复！"骑士说，"耶和华的教义告诉我们爱我们的同胞，宽恕我们的敌人。上帝本身就是爱！放心地回到你的家里，回到你的亲爱的人中间去吧。不过请你将来对受难的人温和一些，仁慈一些吧！"这个俘虏忽然大哭起来："我做梦也想不到能够得到这样的待遇，我以为，我一定会受到酷刑和痛苦的折磨。因此我已经服了毒，过几个钟头毒性就要发作。我必死无疑，一点儿办法也没有！不过在我死以前，请再让我听一次这种充满了爱和慈悲的教义。它是这么的伟大和神圣！让我怀着这个信仰死去吧！"他的这个要求得到了满足。

如果你不理解什么是宽容，读到这里，也许你会感悟：紫罗兰将香气留在踩扁它的脚踝上，这就是宽容。

## 与你共品

法国作家雨果曾经说过："最高贵的复仇是宽容。"如果一个人能够宽恕别人的罪恶，那他一定是一个勇敢的人，一个有能力的人，因为无能者和懦夫是决不会宽容别人的。宽容是一种高贵的品质，尤其需要用它来消解仇恨的时候。

应该感谢"敌人"——那些在人生的重要关头给你以重大打击的人，是他们让你知道规则是铁定的，是他们让你认清了人心是有善良和险恶之分的，是他们让你开始反观和正视自己的错误与缺陷，是他们让你坚信人生只能靠自己。

## 请把我人性的芳香带走

黄小平

你知道雅诗·兰黛香水是怎样占领法国市场的吗？

雅诗·兰黛香水在美国推销成功后，便远征欧洲大陆，选择法国作为突破口。当时有人劝雅诗·兰黛女士打消这个念头，说法国人怎么看得上美国人喜欢的香水呢？果然，雅诗·兰黛香水摆在法国市场，法国人连正眼都不瞧，只有一些爱占便宜的法国小市民假装试用，多多地倒在身上，却一个子儿也不掏，就走掉了！

有些过分的人还再三再四地来。忍无可忍的雇员向雅诗·兰黛女士抱怨，表示要想办法制止这类人。雅诗·兰黛却轻松地笑笑，说："你们尽管让他们用香水，不必在乎他们占的那点儿便宜。"她的想法是：这些人会把香味带给更多的人，带给真正的买家。果不出其所料，雅诗·兰黛迅速打开了法国市场。

生活中，我们时常听到一些人说自己的善良和好心被人利用了、被人欺骗了。其实，大可不必埋怨，也大可不必因自己的善良被欺骗、被利用而从此放弃善良。我们应该有一种豁达的心胸，尽可能让人把我们的善良带走，把我们美的品行带走，让我们人性的芳香不断地远播，不断地泽被他人。这样，我们的品行就会像雅诗·兰黛香水一样，成为一种品牌而风行世界，从而得到人们的真心推崇和真诚赞美。

是的，我们应该拥有这样一种心胸：请把我人性的芳香带走，让它芬芳整个世界！

## 与你共品

宽容是一种仁慈，仁者无敌，宽容是一种恩惠，恩重如山。宽容之心具有的影响力，就像"随风潜入夜"的春雨，会悄悄滋养着万物，"润物细无声"。

自信的人才敢于宽容，即使"你的鲜花偎依在别人的情怀"也有勇气"相信未来"。宽容有时候是在放养机会，大度潇洒地任由别人把你花蕊上的芬芳带走，把他看作播芬芳的蜜蜂，当这些使者采集了百花园中的花粉，酿造成甜蜜的蜂蜜之时，你的芬芳不就有了收获吗？

## 宽容是座连心桥

佚 名

王强是一家合资企业的职员，在业务上是公认的尖子，可是在处理人际关系时往往意气用事，得罪了不少人。所以，他在公司干了好几年总是得不到升职机会。

有一段时间，王强新搬来的一位女邻居进出时总是把门碰得很响，而且常常在房间里大声哼唱，吵得王强睡不好觉。直到有一天，他们碰到了一起，愤愤不平的王强瞪着女邻居大声喊道："你能不能安静一点儿，让我好好休息！"

女邻居也瞪圆双眼回敬王强："和谁说话哪！你以为你是谁，是总统！"说完对王强不屑一顾地扭转身子走了。

王强咬咬牙心想："我会让你尝尝我的厉害。"

第二天，王强回家时，女邻居也正好回了家。王强故意把门碰得很响，并在房间大声吼叫，也想让她尝尝吵闹的滋味。

可是接下来的几天，邻居的吵闹更厉害，令王强连连叫苦。

"老这样下去能行吗？该怎么办呢？"不久王强有了一个好主意。

几天后的一个早晨，女邻居一开门就发现地上放着一个信封。她抽出信纸一看，只见上面写着：

尊敬的女邻居：

很抱歉我那天向您大喊大叫，这也不是我惯有的作风，只是那天我从信箱里拿到了带来坏消息的信件……我希望您能够原谅我。

您的男邻居

紧接着一个早晨，当王强走出房门时，一眼就发现了地上的信封，他迫不及待地抽出信纸。

尊敬的男邻居：

这些日子我也一直心烦意乱，因为我工作上遇到了麻烦，我很高兴看到您写的便条，我想我会成为您的好朋友的。

您的女邻居

从那以后，每当他们再相见时，都会愉快地微笑着打招呼。

接下来的故事更耐人寻味：女邻居后来当上了一家大公司的董事长，经过一段时间的交往考察以后，她聘请王强担任了公司一个部门的经理。

王强改掉了得罪人的脾气，抱着与人为善的心态面对生活和工作，最终使自己成长起来，由普通职员升迁为公司高层管理人员。

## 与你共品

沟通需要氛围，沟通需要诚意，沟通需要技巧，沟通更需要宽容，宽容能营造良好的氛围，宽容就是最大的诚意，宽容是一种不需要技巧的技巧。充满宽容的沟通，往往能收到意想不到的良好效果。

宽容蕴蓄着巨大的能量，能让千年的冰雪在瞬间融化；宽容是心灵之间的导线，能照亮心灵的每一个角落；宽容是一座连心桥，能使千山万水的阻隔"天堑变通途"。坚持苛求，就有走入死胡同的危险，选择宽容，就有了四通八达的朝向。

# 用我的手，抬起你做人的头

蒋平

1993 年 1 月的一天，上海一家小作坊的负责人陈子凤听到这样一件事：好友章铸误入了一个股票诈骗陷阱，被骗走 105 万元，如今两口子已经倾家荡产。陈子凤心里当即"咯噔"一下，因为章铸被骗的百万巨款中还有自己的几万元借款。她当即赶往章家，发现受害人不只是自己，章铸一共有 36 位债主，那是大家的钱，而且绝大多数人家庭也不富裕。章铸夫妇的月均收入不到 400 元，要还清这笔天文数字一样的欠款，简直就是天方夜谭。

其实此刻，最绝望的还是章铸夫妇。老实厚道的两口子已经辞了工，正没日没夜地待在家门口不远的街道上摆地摊、搞贩运、打零工，准备从零起步，还清朋友们的借款。得知这个消息，陈子凤主动和其他债主们取得联系，大伙统一了思想：不向章家逼债，全力支持他们渡过难关。就这样，在负债的第一年底，章家不仅没人来催债，反而有两位债主主动送来1000元钱，说是帮他们解决燃眉之急。

眼见得债主们光这样拖下去、章铸两口子光这样累下去也不是办法，陈子凤灵机一动，就帮章铸出了个点子：利用他在机械方面的特长，办一家机电设备公司。一语惊醒梦中人，债主们献计出力，一部分人帮章家办厂，另一部分人帮他们联系业务和销售。第二年下来，厂子居然净赚10万元。也从这一年起，章家和30多位债主走上了一条同舟共济的还债之路。这笔债一还就是10年，其间，有两位债主先后去世，临终前不忘叮嘱老伴：章家人不错，千万不要难为他们。

2001年腊月二十九的晚上，60岁的章铸在上海一家酒店宴请了36位债主，这一天也是他们正式还清105万元债务的日子。捧着酒杯，泪水湿润了章铸的眼眶："身上背着巨债，我们从来不敢抬头看人。但因为有了你们，我一家子一直在抬头走路。"陈子凤动情地说："推迟要债，不过是举手之劳，但它却能让你们全家抬头做人，挺直腰杆走路，这是花多少钱也买不到的。"

债务，往往是一个家庭精神的枷锁。而来自债主的宽容，就像一只开锁的手。人生的很多时候，只需你我抬一抬手，就足以挺起另一个人、另一个家庭一辈子做人的胸膛。

## 与你共品

如果一个人不小心把你拉进了火坑，而这不是他的本意，你急需要做的，不是毫无意义永无休止地责怪，而是和他一起团结努力，争取早点儿从火坑里跳出来。

一个致命的错误或许需要很多个聪明的决策才能弥补，当你或你的朋友不小心陷入危机的时候，如果有能力，别忘了给陷入困境的人一点儿力量，帮他挺直胸脯抬起头，当他重新燃起做人的希望并绝地反击取得成功的时候，你们一起脱离苦海的日子也就到来。所以，当你被人带入困境，宽容能够产生力量，宽容也能拯救自身。

# 你并不是个坏孩子

### 丁立梅

一个自称叫陈小卫的人打电话给我，电话那头，他满怀激动地说："丁老师，我终于找到你了。"

他说他是我十多年前的学生，我脑子迅速思考着，十来年的教学生涯，我换过几所学校，教过无数学生，实在记不起这个叫陈小卫的学生来。

他提醒我，"那年你教我们初三，你穿红格子风衣，刚分来我们学校不久。"

印象里，我是有过一件红格子风衣的。那时候正值青春好时光，我穿着它，走进一群孩子中间，微笑着对他们说：以后，我就是你们的老师了。我看到孩子们的脸朝向我，饱满，热情，如阳光下的葵花。

"我当时就坐在教室最北边一排呀，靠近窗口的，很调皮的那一个，经常打架。曾因打破一块窗玻璃，被你叫到办公室谈话的。老师，你想起来没有？"他继续提醒我。

是你呀！我笑。记忆里，浮现出一个男孩子的身影来。隐约着，模糊着。他个子不高，眼睛总是半眯着看人，一副桀骜不驯的样子。经常迟到，作业不交，打架，甚至还偷偷学抽烟。刚接手他们班时，前任班主任特意对我着重谈了他的情况：父母早亡，跟着姨妈过，姨妈家孩子多，只能勉强管他吃穿。所以少教养，调皮捣蛋，无所不能，所有的老师一提到他，都头疼不已。

"老师，你记得那次玻璃事件吗？"他在电话里问。

当然记得。那是我接手他们班才一个星期，他就惹出事来，与同桌打架，打破了窗户，碎玻璃划破了他的手，鲜血直流。

"你把我找去，我以为，你也会和其他老师一样，会把我痛骂一顿，然后勒令我写检查，把我姨妈找来，赔玻璃。但你没有，你把我找去，先送我去医务室包扎伤口，还问我疼不疼。后来，你找我谈话，笑眯眯地看着我说，以后不要再打架了，你打了人，也会让自己受伤的，对不对？那块玻璃你也没要我赔偿，是你掏钱买了一块玻璃安上的。"他沉浸在回忆里。

我有些恍惚，旧日时光，飞花一般。隔了岁月的河流望过去，昔日的琐碎，都成了可爱。他突然说："老师，你做的这些，我很感动，但真正震撼我的，却是你当时说的一句话。"

这令我惊奇。他让我猜是哪句话，我猜不出。

他开心地在电话那头笑，说："老师，你对我说的是：'你并不是个坏孩子哟。'"

就这么简单的一句话，却让他记住了 10 年。他说他现在也是一所学校的老师，他也常找调皮的孩子谈话，然后笑着轻拍一下他们的头，对他们说一句：你并不是一个坏孩子哟。

一句话，对于说的人来说，或许如行云掠过，但对于听的人来说，有时却能温暖其一生。

## 与你共品

宽容能产生潜在的力量。对于一个犯了错的人，当他正等待着你严厉的批评的时候，换一种姿态和说话的方式，用一颗博大而宽容的心真诚地包容他的错误，往往能取得比正面批评更好的效果。

图书在版编目（CIP）数据

培养孩子情商的好故事 / 史习斌 , 陈雄主编 . -- 北
京 : 中国民族文化出版社有限公司 , 2022.8
ISBN 978-7-5122-1604-4

Ⅰ . ①培… Ⅱ . ①史… ②陈… Ⅲ . ①情商—儿童读
物 Ⅳ . ① B842.6-49

中国版本图书馆 CIP 数据核字（2022）第 124122 号

## 培养孩子情商的好故事

Peiyang Haizi Qingshang de Hao Gushi

主　　编：史习斌　陈　雄

责任编辑：张　宇

封面设计：冬　凡

责任校对：李文学

出 版 者：中国民族文化出版社　地址：北京市东城区和平里北街 14 号
　　　　　　邮编：100013　联系电话：010-84250639 64211754（传真）

印　　刷：三河市兴博印务有限公司

开　　本：880mm×1230mm　1/32

印　　张：8

字　　数：165 千

版　　次：2022 年 8 月第 1 版第 1 次印刷

书　　号：ISBN 978-7-5122-1604-4

定　　价：38.00 元